多年冻土调查手册

主 编　赵 林　盛 煜
副主编　南卓铜　吴通华　周国英

科学出版社

北 京

内 容 简 介

多年冻土是陆地冰冻圈的重要组分，占据着北半球约四分之一的陆地面积，在区域乃至全球气候、水文、生态系统中发挥着重要作用，并影响着寒区工程的稳定性。而获得多年冻土基础数据资料的最基本而又有效的方法即是实地开展多年冻土调查。本书综合国内外多年冻土野外调查、观测和研究方法及作者过去20年来的实际经验，系统描述了开展多年冻土野外调查的方法，内容包含多年冻土的基本概念、主要影响因子、调查的主要内容及方法、多年冻土制图和多年冻土数据库建设等。

本书可供冰冻圈科学及与多年冻土有关的大气、水文、生态等方面的科研和技术人员，以及大专院校师生使用和参考。

图书在版编目(CIP)数据

多年冻土调查手册 / 赵林，盛煜主编 . —北京：科学出版社，2015.9
ISBN 978-7-03-045611-3

Ⅰ. ①多…　Ⅱ. ①赵…②盛…　Ⅲ. ①多年冻土–调查–手册
Ⅳ. ①P642.14–62

中国版本图书馆 CIP 数据核字（2015）第 211944 号

责任编辑：王　运／责任校对：韩　杨
责任印制：赵　博／封面设计：耕者设计工作室

科学出版社 出版

北京东黄城根北街 16 号
邮政编码：100717
http://www.sciencep.com

涿州市殷润文化传播有限公司印刷
科学出版社发行　各地新华书店经销

*

2015 年 9 月第　一　版　开本：787×1092　1/16
2025 年 3 月第二次印刷　印张：13 1/4
字数：320 000

定价：138.00 元
（如有印装质量问题，我社负责调换）

作者名单

（以姓氏汉语拼音为序）

陈　继　　杜二计　　方红兵　　胡国杰
李　韧　　李旺平　　刘广岳　　南卓铜
庞强强　　乔永平　　尚　雯　　盛　煜
史健宗　　王　武　　王志伟　　吴吉春
吴通华　　吴晓东　　肖　瑶　　岳广阳
赵　林　　赵拥华　　周国英　　邹德富

科技部科技基础性工作专项"青藏高原多年冻土本底调查"（项目编号：2008FY110200）项目

国家重大科学研究计划"冰冻圈变化及其影响研究"第三课题"冻土水热过程及其对气候的响应"（项目编号：2013CBA01803）

中国科学院青藏高原冰冻圈观测研究站（又称：藏北高原冰冻圈国家野外科学观测研究站）

冰冻圈科学国家重点实验室

共同资助出版

序 一

多年冻土是发育于地表下一定深度内至少两年及两年以上处于负温状态的土（岩）层，其主要分布于环北极的高纬度地区和中低纬度的高海拔地区，其中青藏高原是全球中低纬度多年冻土分布面积最广的地区。这里气候严寒、人迹罕至，备受关注的青藏铁路的修建才使多年冻土这一原本非常陌生的地理、地质现象更多地出现在相关媒体的报道中。事实上，多年冻土的存在不仅是这些地区工程建设面临的重大问题，更是通过影响浅地表土层的热量和水分循环过程，而影响着区域气候、水文、生态系统。在全球变暖背景下，多年冻土的变化可能带来一系列区域水文、生态乃至工程地质问题。只有深入了解多年冻土的现状和变化过程，才能更好地为区域经济可持续发展献计献策。

我国的多年冻土研究是从解决林业、铁路、公路以及公民建筑等生产实践中的冻土问题开始，发展到开展多年冻土分布、特征和变化研究，再到开展多年冻土内部水热过程及其与气候、生态和水文过程等的相互作用机制研究，从无到有，不断发展。青藏铁路的修建，成功解决了高温、高含冰量冻土区的工程稳定性问题，成为我国冻土学家解决生产实践问题的典范，在国际多年冻土学界享有较高声誉。这期间一代又一代科技人员，长年奔波在高寒缺氧、交通不便的多年冻土区，付出了艰辛的劳动。冻土研究者的足迹遍布于东北的大小兴安岭地区、祁连山、天山和阿尔泰山等高山峻岭以及地势高亢的青藏高原地区，积累了丰富的冻土学资料，获得了大量的研究成果。数代人的艰苦努力，在学习、借鉴国际多年冻土调查和研究基本方法的同时，摸索出了一套适合于开展我国高海拔多年冻土调查和研究的流程和方法。

随着人们对全球气候变暖现象的日益重视，多年冻土在全球气候系统中的作用受到了越来越多的关注，冻土学的发展正迎来新一轮的高潮。进一步摸清我国多年冻土分布、活动层厚度、冻土地温、冻土分布区地形地貌、土壤、植被分布等本底数据，为国家经济建设和相关领域的科学研究服务，具有重要的现实意义。而规范、合理的调查研究方法是获取准确数据资料的基础。非常欣慰地看到由赵林研究员和盛煜研究员领衔，由他们研究团队集体编著的这部《多年冻土调查手册》。该调查手册对过去数十年来多年冻土考察和监测研究中积累的经验和方法进行梳理和继承，并对近年来多年冻土研究中新开展的研究内容和方法进行了总结，这对保证冻土调查数据与历史调查数据资料一致性、可比性有重要的现实意义。相信本书的出版，将对开展多年冻土区野外考察、定位监测和试验等起到指导作用，对冻土学学科的发展有十分积极的意义。

中国科学院院士
2015 年 1 月 23 日

序　二

赵林研究员邀请我为本书写序，我欣然答应。作为长期从事冰冻圈科学调查和研究的科学工作者，非常明白冰冻圈科学数据之来之不易，合理、规范的调查和研究方法是获取可靠数据资料的保证。继《冰川观测与研究方法》一书于2013年正式出版后，本书是指导冰冻圈野外调查和研究的第二部方法论专著，期望本书的出版能够为冰冻圈科学的发展添砖加瓦。

多年冻土是除积雪外，在全球陆地表面分布面积最大的冰冻圈组分。其独特的下垫面特征和大量地下冰的发育使其在气候、水文和生态系统中发挥着重要作用。准确评估多年冻土分布、获取多年冻土及其主要影响因子的基础数据资料有着重要意义。

观测表明，近年来全球绝大部分地区的多年冻土正处于退化状态，已经带来了一系列水文、生态乃至工程问题，并通过改变陆面能、水和碳氮循环过程，影响着区域乃至全球气候。多年冻土作为弱透水层或者隔水层，首先通过其上覆的季节融化层，也即活动层的动态变化调节着区域水文过程，而多年冻土中地下冰的融化，也将参与到全球水循环过程中。此外，未来多年冻土退化可能导致数千万吨的二氧化碳和甲烷气体排放到大气中，对全球碳、氮循环过程产生较大影响。然而，受现有多年冻土基础资料以及对多年冻土研究深度的限制，科学家不仅不能准确评估多年冻土变化到底导致每年有多少地下冰被融化、有多少有机碳被分解和排放、融化的地下冰对海平面的贡献、分解的有机碳对全球气候的影响程度等科学问题，更谈不上准确预估其未来的变化和影响。

在中国，系统的多年冻土调查和研究始于新中国成立初期，由于东北冻土区地矿调查、林业开发、工程建设及各项生产建设的需要，冻土科学的研究得到了迅速发展。自1960年以来，几代冻土科技工作者坚持在青藏高原、西部高山及东北大小兴安岭，克服气候严寒、高山缺氧等种种困难，为国家经济建设和发展做出了卓有成效的贡献，形成了较为系统、实用的野外调查和研究方法，积累了大量的冻土科学资料，使我国冻土学研究取得了长足的进展。这些方法由一代代科学家在具体的调查研究过程中，通过言传身教传了下来，并被分散地记录到各类文献资料中，但却没能形成系统的方法论。近年来，冰冻圈科学国家重点实验室赵林研究员和他的团队，在长期野外调查和研究的基础上，进行了系统总结，结合国内外多年冻土研究的理论和实践，编写了《多年冻土调查手册》这部适用性很强的著作，对已经从事和即将从事多年冻土调查、监测和研究的科技工作者具有极大的参考价值。

《多年冻土调查手册》以指导如何准确获取多年冻土及与多年冻土有关领域的基础数据为目的，较为全面地介绍了开展多年冻土调查、监测和研究的方法。本手册以国家相关行业标准和相关学科通用的常规方法为主要参考，在充分考虑当前全球多年冻土研究面临的科学问题和未来可能的发展趋势的基础上，综合国内外相关文献编写而成。全书通俗易懂、图文并茂、理论结合实际、便于操作,系统地介绍了多年冻土观测的新技术和新方法,丰富了冻土学的研究内容,为提高多年冻土研究水平奠定了基础。总之,这本专著是作者及其团队工作方法的系统总结,是一部理论联系实际、规范野外调查方法的教材,在普及冻土学基础知识,规范多年冻土野外工作方面具有较高参考价值。相信本书不仅是多年冻土科技工作者的指导性专著,同时也将为我国冰冻圈科学领域长期观测和联网研究提供重要的参考依据。

秦大河

中国科学院院士

2015 年 1 月 25 日

前　言

地球表层现代多年冻土分布面积约占陆地总面积的24%，主要分布于环北极的高纬度地区和中低纬度的一些高海拔地区。我国的多年冻土面积居世界第三位，约占国土面积的22.3%，主要分布于东北地区的大小兴安岭地区和西部的高山区以及青藏高原，其中青藏高原是世界上高海拔多年冻土分布最广的地区。由于多年冻土对区域生态、水文和气候环境以及资源开发、重大工程规划具有重要的影响，对气候变化有很好的指示作用，国内外针对多年冻土分布、特征及其与区域环境、气候的相互作用方面开展了大量的研究。我国的多年冻土研究是在冻土区工程建设实践中产生和发展起来的。从20世纪50年代开始，来自中国科学院、高等院校的科研人员会同交通、铁路及矿产开采等生产部门的科技人员克服了气候严寒、高山缺氧等重重困难，在多年冻土发育区开展了大量的科学考察、定点监测和试验工作，积累了丰富的冻土科学资料，取得了丰硕的研究成果。1980年以来，随着高精度监测仪器的应用，针对冻土内部水热变化过程的定位监测得以广泛开展。这些工作对全面了解多年冻土分布范围、活动层内部水热特征以及变化趋势有重要意义。同时，经过多年的野外科学调查、观测和室内资料分析，逐渐形成了一套常规的冻土调查和研究的方法。将这些调查研究方法梳理总结，以规范或者手册的形式成书出版一直是冻土学领域科研人员的期望。然而，由于冻土学本身是一门新兴的学科，也是一门交叉学科，其调查和研究方法涉及地质学、大气科学、物理学、生物学、土壤学以及化学等众多学科领域，因此尽管不同时期不同的科研人员有编写冻土调查规范的想法，但终因涉及的内容繁杂和其他原因，规范的编写工作一直没有完成。

2008年，科技部启动了基础性工作专项"青藏高原多年冻土本底调查"项目（2008FY110200），这一项目以摸清整个青藏高原地区多年冻土的现状为目的而展开，对青藏高原多年冻土区的地形地貌、土壤、植被分布、地层剖面特征以及活动层厚度、冻土地温等开展了综合调查和分析试验工作。为完成既定调查任务，保证调查方法的连续性和调查资料的可靠性，项目组从2008年开始组织编写本手册，于2009年完成初稿。随后，手册初稿被应用于指导2009~2013年共计5次的大型野外调查工作，较好地规范了野外调查和数据、资料收集、整理流程。期间，根据野外调查工作的实际使用情况进行了反复修订。随着冻土调查项目的顺利结题，这本《多年冻土调查手册》的内容也全面确定。希望本手册能成为指导多年冻土野外考察工作的实用手册，也为规范冻土野外工作起到抛砖引玉的作用。

本书共9章，前两章为有关多年冻土学研究的基本现状、基本概念介绍，其中涉及调查工作的总体设计方法、调查所要获取到的有关多年冻土的主要特征参数，以及调查区需要获取的主要背景资料及获取方式等；第3~7章分别介绍了多年冻土调查的主要内容和方法；最后两章，即第8章和第9章主要介绍了多年冻土调查的最后汇总工作，即多年冻土制图和多年冻土数据库的构建。附录提供了野外调查和室内分析工作中用到的一些记录和统计表格。这些表格的应用，可使野外和室内数据的生产规范化和标准化，也为后期数据处理和数据库管理提供了方便。

本书各章节撰写分工为：第1章，赵林、盛煜；第2章，赵林、盛煜、李韧、吴吉春、陈继；第3章，岳广阳、周国英、王志伟；第4章，吴晓东、方红兵、赵拥华、胡国杰；第5章，盛煜、吴通华、陈继、庞强强、王武、杜二计；第6章，吴通华、李韧、庞强强、乔永平；第7章，吴吉春、盛煜；第8章，南卓铜、王志伟、邹德富、陈继；第9章，南卓铜、史健宗等。全书经赵林、盛煜、南卓铜、吴通华、谢昌卫统稿，由赵林、盛煜统一汇编、定稿，谢昌卫、余文君和范云伟参与了书稿的校对和订正工作。

本手册有关地理、土壤、植物等的调查内容以及遥感、物探、钻探等调查手段的应用方法，在不同学科领域有相对成熟的规范或者指导方法。因此在编写过程中我们引用了相关学科比较经典的文献或者规范的部分内容，这样一方面使本手册涉及的不同学科的内容更加充实，另一方面也加强了本手册内容与其他学科的衔接。所引用到的文献和规范均在参考文献中列出，在此特向原作者致以崇高的敬意！初稿编写时，陈肖柏研究员、刘经仁副研究员进行了大量历史资料、文献的收集和整理工作，童伯良研究员提供了大量冻土学俄文译文，他们的贡献为本手册的顺利完成奠定了基础。周幼吾研究员、郭东信研究员和童长江研究员对手册全文提出了较为详细的修改意见和建议。特别要感谢的是程国栋院士，没有他自始至终的教诲和鼓励，很难想象本书能够顺利完成。编写中得到了科技部项目主管领导以及中国科学院寒区旱区环境与工程研究所、冰冻圈科学国家重点实验室和冻土工程国家重点实验室有关领导和专家的大力支持；中国科学院青藏高原冰冻圈观测研究站全体成员以及其他参加冻土调查项目的专家学者自始至终参与了本手册内容的研讨论证和文献资料的收集工作。对此，作者一并致以衷心的感谢！

作　者
2015 年 1 月

目　　录

| 第 1 章 | 概　　述

1.1　多年冻土的概念及分布

1.1.1　多年冻土的概念

冻土是指温度低于 0℃ 并含有冰的土或岩层；而温度低于 0℃ 不含冰的土或岩被称为寒土，其中既不含冰也不含重力水的寒土被称为干寒土，如被冻结的基岩和干沙等；而不含冰却含负温的卤水或盐水的寒土被称为湿寒土。较多的情况下，自然界的冻土与寒土同时存在，准确区分两者需要深入细致的调查，因此，冻土学中一般把寒土也包含在冻土之内。

受区域气候条件差异的影响，在不同地区，冻土存在时间的长短差异极大，短至数分钟，长可达数千乃至数万年。冻土学中按照冻土存在时间的长短，将冻土分为短时冻土（数小时、数日至半月以内）、季节冻土（半月、数月乃至 2 年以内）和多年冻土（2 年至数万年以上），其中存在时间在 1 年之上 2 年之内的季节冻土又被称为隔年冻土。

一定区域内，多年冻土并不完全是连续分布的。在多年冻土发育的区域内，某些地段可能有多年冻土，而某些地段又没有多年冻土发育，这个地区就被总称为多年冻土区。而受特殊地质、构造、地理和局地气候特征的影响，那些因特殊的水热条件而没有发育多年冻土的地段，就被称为融区。除特殊条件，如地热因素影响之外，融区一般发育季节冻土。多年冻土区包括发育多年冻土的地区和不发育多年冻土的融区，多年冻土区的面积要大于多年冻土本身面积。多年冻土占据多年冻土区面积的百分比，被称为多年冻土的连续性。

1.1.2　全球多年冻土的分布

地球表层现代多年冻土分布面积约占陆地总面积的 24%，除大洋洲外，其他洲均有多年冻土分布。北半球的多年冻土主要分布于环北极的高纬度地区和中低纬度的一些高海拔地区，其中包括北冰洋的许多岛屿（格陵兰、冰岛、斯瓦尔巴德群岛等）及部分大陆架乃至于洋底。多年冻土分布面积最大的几个国家依次是俄罗斯、加拿大、中国和美国（表 1.1）。南半球的多年冻土主要分布在南极洲及其周围岛屿、南美洲的部分高山地区。按照多年冻土发育的地理位置和形成条件划分，全球多年冻土可分为高纬度多年冻土和中低纬度高海拔多年冻土。

表 1.1　全球主要多年冻土区的面积

大陆	地区或国家	多年冻土区面积/$10^6 km^2$	资料来源
欧亚	原苏联	11.0	周幼吾等，2000
	中国	2.15	Sodnom and Yanshin，1990
	蒙古	0.99	
	小计	14.14	
北美	加拿大	5.7	Zhang et al.，2003
	美国	1.73	
	格陵兰	1.6	
	小计	9.03	
南极	南极大陆	13.5	Zhang et al.，2003
合计		36.67	

　　环极地的多年冻土为高纬度多年冻土，其分布有明显的纬度地带性。在北半球自北而南，多年冻土空间分布的连续性逐渐减小。最北部为连续多年冻土分布区，通常以-8℃年平均气温等值线作为其分布南界；向南为不连续或大片连续多年冻土区，其南界大致与-4℃年平均气温等值线相吻合；纬度继续降低，则为高纬度多年冻土区的南部边缘地区，形成岛状多年冻土区，其南部界线即为多年冻土南界。在高纬度多年冻土南界以南、只有在特定海拔之上的寒冷地区才出现多年冻土，这部分多年冻土被称为高海拔多年冻土。高海拔多年冻土具有明显的垂直地带性，一般来讲，随海拔的升高，多年冻土分布的连续性和厚度均在增加。

1.1.3　我国多年冻土的分布

　　我国的多年冻土包括分布于东北地区的高纬度多年冻土和西北高山多年冻土区、青藏高原的高海拔多年冻土区，总面积约 $149×10^4 km^2$，高海拔多年冻土约占多年冻土总面积的 92%（表 1.2）。

表 1.2　我国多年冻土分布面积统计表

多年冻土类型		地区	多年冻土区面积/$10^4 km^2$	连续性/%	多年冻土面积/$10^4 km^2$
高纬	东北北部	大片多年冻土	7.1	70~80	5.3
		大片-岛状多年冻土	4.4	30~70	2.2
		稀疏岛状多年冻土	27.1	<30	4.1
		小计	38.6		11.6
高海拔		天山	6.3		6.3
		阿尔泰山	1.1		1.1
		青藏高原	150		129.9
		小计	157.4		137.3
合计			196		148.9

青藏高原较高的海拔和严酷的气候条件使得高原上发育着世界上中低纬度区海拔最高、面积最大的多年冻土,多年冻土下界大致与年平均气温 -2.0 ~ -2.5℃ 等温线相当,纬度下降 1°,冻土下界大约升高 150 ~ 200m。在其他条件相似的情况下,海拔升高 100m,冻土温度下降 0.6 ~ 1℃,厚度增加 15 ~ 20m(表 1.3)。高原周边山区的高山多年冻土主要包括阿尔金-祁连山、冈底斯-念青唐古拉山、横断山和喜马拉雅山等高山多年冻土区。处于羌塘高原的多年冻土具有较好的连续性,连续度在 60% 以上,为大片连续多年冻土。

表 1.3 青藏高原多年冻土分布特征

多年冻土区		多年冻土下界海拔/m	连续性/%	多年冻土厚度/m	年均地温/℃
阿尔金-祁连山高山多年冻土区		西部:4000 东部:3450 最低:3300	45	数米 ~ 139	-2.5 ~ 0
青南藏北高原多年冻土区	喀喇昆仑和西昆仑山脉	4200 ~ 4600	67	4 ~ 120	-3.2 ~ -0.1
	昆仑山脉	4000 ~ 4200	63	4 ~ 100	-3.2 ~ 0
	羌塘高原	4500	97	<100	-3.2 ~ -1.7
	青海东南部高山区	3840 ~ 4300	63	几米 ~ 70	-3.2 ~ -0.5
冈底斯-念青唐古拉多年冻土区		4700 ~ 4800	51	5 ~ 100	
横断山高山多年冻土区		4600 ~ 4800	23	<20	-1.0 ~ 0
喜马拉雅山高山多年冻土区		4900 ~ 5100	40	<20	-0.5 ~ 0

阿尔泰山多年冻土分布的下界分布在海拔 2200m 左右的中山带山间沼泽化洼地和阴坡海拔 2560 ~ 2660m 的地带,在 2800m 以上呈大片状或连续分布(表 1.4)。受冬季较厚积雪的影响,阿尔泰山多年冻土下界处的年均气温比青藏高原和祁连山地区低 2 ~ 3℃。天山的多年冻土分布下界海拔在北坡为 2700 ~ 2900m,南坡为 3100 ~ 3250m。

表 1.4 西部高山多年冻土的分布特征

地区	峰顶海拔/m	多年冻土面积/10⁴km²	多年冻土下界高度/m	年平均气温/℃	年平均地温/℃	实测值	计算最大值
阿尔泰山	4374	1.1	2200 ~ 2800	<-5.4	-5 ~ 0		400
天山	3963 ~ 7435	6.3	2700 ~ 3100	<-2.0	-4.9 ~ -0.1	16 ~ 200	1000

我国的高纬度多年冻土分布于东北北部,多年冻土分布的南界与年均气温 0℃ 等温线相当,伴随着年均气温由北向南逐渐升高,多年冻土的连续性从 80% 以上逐渐减小到南界附近的 5% 以下;年均地温由北部的 -4℃ 逐渐升高到南部的 -1 ~ 0℃;多年冻土厚度由上百米减至几米。

1.2　多年冻土的形成条件

多年冻土是特定气候条件下地表岩石圈与大气间能量、水分交换的产物，其中严寒的气候是多年冻土形成的必要条件，只有在气温足够低，地气能量交换达到平衡，地温处于负温时，才能形成多年冻土。气候是地球上某一地区多年时段气象特征的平均状态，其本身与太阳活动、地表各圈层，如水圈、岩石圈、生物圈和冰冻圈的水热状况有着密不可分的关系。因此，多年冻土的分布和特征在很大程度上受到气候、地质及地形地貌、地表覆被、土质等因素的影响。

1.2.1　气候条件

1. 气温

陆地气候特征的区域差异是导致冻土分布区域差异的主要原因。气温随纬度和海拔的升高逐渐降低，当气温降低到一定程度时，多年冻土逐渐开始发育。统计表明，我国季节冻结/融化深度处的年平均温度 T_0 与年平均气温 T_a 密切相关（表1.5），而 T_0 的大小本身就是判定多年冻土存在与否的一个关键指标，其是地表能量平衡过程的直接结果。因此，气温的空间分布格局，基本决定了多年冻土的空间分布特征。全球的多年冻土分布区也因此而被划分为受控于纬度气候带的高纬度多年冻土和受控于气候海拔带的高海拔多年冻土两大类。

表 1.5　我国不同地区季节冻结/融化深度处年平均温度 T_0 与年平均气温 T_a 的关系

地区	气象台站与观测点	T_0 与 T_a 的回归关系	相关系数	$T_0 = 0℃$ 时的 T_a 值
东北	71	$T_0 = 3.721 + 0.723\,T_a$	0.930	−5.1
东部	157	$T_0 = 3.365 + 0.859\,T_a$	0.962	−3.9
西部	48	$T_0 = 3.501 + 0.965\,T_a$	0.977	−3.6
全国	205	$T_0 = 3.313 + 0.881\,T_a$	0.967	−3.8

对于高纬度多年冻土，伴随着气温由北向南逐渐升高，多年冻土区内的融区范围逐渐增大，多年冻土分布区域的比例逐渐减小，多年冻土厚度逐渐减小。如图1.1所示，沿美国阿拉斯加输油管线由北至南，多年冻土厚度从北段 Prudhoe Bay 的 610m 减小到南部 Chikaloon 的 15m 之内。基于多年冻土这种区域分布的差异，高纬度多年冻土被划分为连续多年冻土（continuous permafrost，多年冻土的连续性大于 90%~95%）、不连续多年冻土（discontinuous permafrost，连续性 25%~90%）和岛状多年冻土（island permafrost，连续性小于 25%）。

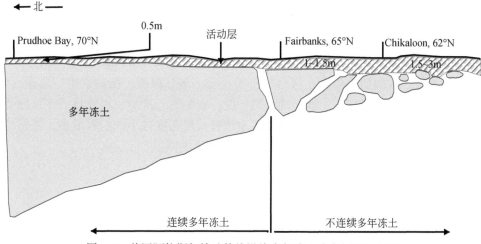

图 1.1　美国阿拉斯加输油管线沿线多年冻土分布剖面示意图

2. 降水

多年冻土与降水的关系比较复杂，降水形式、降水时间乃至于降水密度和强度等的变化均会改变地气之间的能量平衡关系。对于同一个地区，降水量的长期增加可能会导致地面蒸散发量增大、地表温度随之降低，不仅使得地表的感热、潜热发生变化，同时由于水分下渗，土壤水分状态发生变化，导致土层中热流、水分运移状况以及土层水热参数的变化，进而改变地表的热通量，影响多年冻土的发育和发展。

因此，降水的区域分布差异也是导致地表能量平衡特征差异的主要原因之一。对于全球的多年冻土区，降水量大的地区潜热一般较大，这在一定程度上抑制了热量向地表以下输送，因此在同等条件下，降水量的增加有利于多年冻土的发育。此外，降水类型（雨或者雪）和降水时间的差异对多年冻土的水热特征也具有较大影响，消融期降雪的增加有助于冻土的保存，而冻结期降雪的增加对土的冻结过程有抑制作用。

在我国西部高海拔区，降水量以北纬 40° 为界，此界以北的天山、阿尔泰地区的年降水量从东向西呈现增多的趋势，多年冻土下界海拔呈现出由东向西的降低趋势；而北纬40° 以南的青藏高原及周边山地的年降水量自东向西却呈现降低的趋势，多年冻土下界海拔自西向东呈现降低趋势。

3. 积雪

季节性积雪对冻土区土/岩层的热状况有着较大影响，积雪较高的地表反照率和较强的热辐射性有利于降低雪表面乃至于地面温度；积雪较低的导热特性发挥着隔热层的作用；积雪融化时要吸收大量的融化潜热，将耗费较大部分太阳辐射能量，抑制了地面和土层温度的升高。因此，积雪对冻土热状况的影响是一个复杂的过程，积雪形成和融化日期、持续时间以及积雪密度、结构和厚度等都发挥着重要作用。连续多年冻土区冬季的积雪可以导致多年冻土上限处的地温升高数度之多，而没有积雪覆盖的不连续和岛状多年冻土区有利于多年冻土的发育和扩展。

4. 云量和日照

云量和日照决定了地面接收的太阳辐射强度，进而通过地面辐射平衡（R_n）影响到地面和土层的温度。我国的多年冻土区一般都为少云、多日照区，相对来讲，夏季云量多、降水也大、日照少，从而减弱了地面的受热程度；而冬季云量少、尽管日照多，但受太阳高度角的影响，总辐射量也较弱，辅之以冬季植被冠层密度减小、积雪增多，使得地表反照率增大，R_n 也可能出现负值，有利于地面冷却和土壤降温。

1.2.2　构造、地质、地形地貌条件

1. 构造

地壳表层的温度场是地球内部热量与地表能量平衡过程共同作用的结果，在地表下特定深度的岩/土层内部，则表现为地表土层热通量和地热通量之间长期平衡的结果。地表太阳辐射的季节变化，也即地表气温的季节变化对地温的影响深度一般可达地表之下 10～20m 的深度，即地温年变化深度；10 年尺度的气温变化对地温的影响深度在数十米乃至百米之间；而千米尺度的地温变化是地球内部热量与地表能量平衡过程共同作用数千年乃至数万年的结果。

控制地温场的地热来源于高温的地幔软流层和地壳中放射性元素衰变放出的热，前者每年向大气中通过地壳传导输送的热量可达 10.03×10^{20} J，约占地壳表层传输总热量的 60% 左右，而后者约占 40%。不同地区地壳物质组成、厚度和结构等的区域差异也极为明显，这势必导致不同地区地热源的强度（与地壳厚度和地壳中放射性元素的含量有关）、热量在岩层中的传输速率（与岩土层物质、结构差异导致的热传导特征不同有关）等均存在区域差异。因此，地热通量的分布存在区域差异，进而影响到不同区域地表温度场。此外，受大地构造和板块运动的影响，在板块边界和板块内部的断裂带，由于板块的俯冲、碰撞、张裂和扭曲等地质构造过程的作用，深地壳乃至于上地幔的熔融岩浆上涌至上地壳乃至于喷出地表形成火山。这些地质构造过程也会导致地温场区域分布的明显异常。同时，地壳浅层循环着的地下水（地热水）也干扰着地温场的分布。

不同构造单元的这种区域差异导致了浅地表岩土层中地热流的差异，进而影响着多年冻土的发育和分布。在相同气候条件下，构造活动强烈的地区，地热流值较高，不利于多年冻土的发育，相反，则有利于多年冻土的发育。青藏高原的新构造活动极为强烈，多年冻土的空间分布特征受构造的影响也较强烈。

2. 岩性

岩性对多年冻土的影响是通过其热力学和水力学特征的差异而实现的。不同岩土层的热容量和导热率存在显著差异，对热量的存储和传输能力显著不同。在地表热通量和地热流相同的条件下，岩土层的导热率越大，多年冻土温度越低，多年冻土厚度越大；热容量

越大，则多年冻土温度越高，多年冻土厚度越小。

土层的含水率是控制土层热学性质的重要参数，一般而言，含水率越高，则土层的导热率越高，热容量也越大。另外，在含水率较高时，土层在冻结状态和融化状态下的导热率具有明显的差异，由此导致了其在不同状态下对热量传输的差异，从而影响多年冻土的发育和发展。如饱水冻结的泥炭层与冰的导热系数（2.24W·m/K）相当，要比饱水融化的泥炭层的导热系数（与液态水相当，0.57W·m/K）大 3 倍左右，比干燥的泥炭层的导热系数（0.05~0.06W·m/K）大 40 倍左右；不同季节泥炭层冻结与否对热量传输过程的影响极大，冬季地表冻结的泥炭层有利于下伏土层的降温过程，而夏季饱水乃至干燥的泥炭层极大限制了下伏土层的升温过程。

土层对多年冻土影响的另一个方面表现在土的颗粒组成差异上。一般在细颗粒土分布地区更可能发育多年冻土，其本质在很大程度上归因于土层中的含水率。细颗粒土往往具有更大的含水率，相同气候背景下，表层土壤为细颗粒的地区，蒸散发量要比粗颗粒地区大。此外，不同颗粒组成土层冻结过程中水分迁移和冰的分凝过程也有很大差异，形成的冻土构造也不同（表1.6），而不同沉积类型的冻结土层的冻土构造也千差万别。如果坡积物中含有大量的细颗粒土，或整层都是细颗粒土，在冻结状态时常含有大量的地下冰。冲积类型土常由含粉黏粒的砂砾石及粉砂土组成，加上丰富的地下水补给，在冻结状态下也有较大的含冰量。残积堆积类型土由于其堆积位置较高，排水条件良好，物质成分较粗，冻结后通常含冰量较少。多数的洪积堆积物，由于排水条件良好，加上以砂砾石为主，含冰量一般比较少且与堆积位置有关（表1.7）。

表 1.6　不同粒径土层的冻土构造

岩性	不同水分条件下的冻土构造		
	过饱和状态	潮湿状态	湿润状态
黏土-亚黏土	中厚层冰层状冻土构造	透镜状、薄层状冰冻土构造	粒状整体或层状冻土构造
亚砂土	透镜状、中薄层状冰冻土构造	粒状整体构造，或薄微层状构造	隐晶状整体冻土构造
砂卵砾石	包裹状砾岩冻土构造	接触状砾岩冻土构造	充填-接触状砾岩冻土构造
含粉黏粒砂砾石	包裹状-透镜状混合冻土构造	接触状-透镜状冻土构造	充填-接触状冻土构造
碎块石（风化碎屑）	包裹状、透镜状冻土构造	粒状及接触状冻土构造	充填-接触状冻土构造
基岩风化层（指上部风化类型带）	裂隙状冰冻土构造		

表 1.7 不同类型沉积物的冻土构造

成因类型	主要冻土构造类型
残积	松散冻结土呈疏松状态，含冰量较少，有时可见零星分布的粒状冰。在一些大的风化碎屑物中能见到裂隙冰
坡积	松散土冻结层较厚，富含冰，常见中厚层状冰构造。多属于多年冻土区中富含冰的地段
冲积	在上升地区（即较强烈侵蚀剥蚀的地段），由于排水条件良好，冻土主要为接触式砂砾冻结层，含冰较少。在一些下降堆积沉积地段，由于排水条件较差，上部常属粒状冰整体状冻土构造，其中亦可遇到微层、薄层状冰构造，下部常是包裹状砂砾石冻土构造，有时可见少量的透镜状冰
洪积	在洪积带的上方，多为接触状砾岩构造，常见冰仅充填部分孔隙，含冰较少。下方，可见包裹状砾岩构造，常见微层状和透镜状冰的冻土
湖积	多为细粒土，一般为中厚层状地下冰
冰川堆积	冰碛地区，一般多为接触状砾岩构造，含冰较少。冰水堆积地带的性质与洪积相似

3. 地形、地貌

地形对多年冻土的影响表现为以下几个方面：第一，海拔本身就是一个地形因子，气温随海拔的垂直递减是控制高海拔多年冻土分布的主要因子；第二，坡度、坡向显著影响地表太阳辐射，阴阳坡差异、地表遮蔽状况的变化直接影响到达地面的太阳辐射，进而影响到进入地下热量的多少；第三，地形不仅可能通过水、风等外力过程，如水流、风化、物质搬运、沉积等动力过程影响地表土层的组成、结构等，也通过其对水文过程的控制作用影响区域水文环境，从而导致不同地形条件下水文地质特征和岩/土水热物理性质存在差异；第四，地形可通过上述几个因素而影响地表的植被状态，进而反过来影响地表接受到的太阳辐射，影响到地表能量的分配过程，如洼地和平坦谷地良好的水分条件本身具有较大的地面蒸发，同时也发育着相对较好的植被，进而不仅增大植被冠层对降水的截留和冠层蒸发，而且可能极大地增加植被的蒸腾作用，这些因素均会限制地表温度的升高，影响到地表感热通量。可见，多年冻土区地形的差异不仅通过影响地表能水平衡和地下热流的大小，还可通过影响土层的水热物理特征而影响到冻土层温度变化。

不同的地貌、地貌组合的不同部位，多年冻土的形成条件有较大差异，多年冻土特征也不同，现将常见地貌类型的物质组成和冻土特征以示意图和表格形式汇总如下：

（1）以堆积沉积为主（或相对稳定）的河谷丘陵地形（图 1.2，表 1.8）。

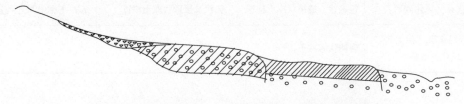

图 1.2 以堆积沉积为主（或相对稳定）的河谷丘陵地形

表 1.8　河谷丘陵区不同地貌部位的沉积物组成和冻结特征

	I	II	III₁	III₂	IV
地形位置	山顶、山梁、斜坡	山前缓坡	高阶地	低阶地	河床及河漫滩
沉积物组成及冻结特征	基岩裸露或堆积较薄（残积–坡积）粗碎屑物，冻结状态，可见少量裂隙冰	以细颗粒土为主的坡积层，具有较大的厚度（数米至数十米）。冻结状态，为富冰地段（中厚冰层）	冲积阶地，多为二层结构，上部常有细颗粒土层，下部为含有一定数量细粒土的砂砾石层。冻结状态，上部可见薄层冰层，下部砾石孔隙多为冰所充填，可见冰透镜体		多为卵砾石层。长流水的大河流多为融区。间歇性小河流多为非贯穿融区

（2）以堆积沉积为主的山间盆地（或湖盆）地形。属常见的地形，冻土一般较发育（图 1.3，表 1.9）。

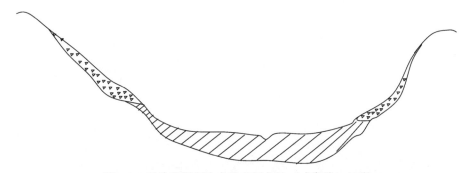

图 1.3　以堆积沉积为主的山间盆地（或湖盆）地形

表 1.9　山间谷地、湖盆区不同地貌部位的沉积物组成和冻结特征

	I	II	I
地形位置	山顶、斜坡	山间湖盆平缓地形	山顶、斜坡
沉积物组成及冻结特征	基岩裸露或堆积层较薄（残积–坡积）粗碎屑物，冻结状态，可见少量裂隙冰	以细颗粒土堆积为主，含水量大，往往呈过饱和状态。冻结时为富含冰，中厚层冰层	基岩裸露或堆积层较薄（残积–坡积）粗碎屑物，冻结状态，可见少量裂隙冰

（3）下降堆积区的山前洪积堆积——河谷地形。在相对高差较大的山前普遍存在（图 1.4，表 1.10）。

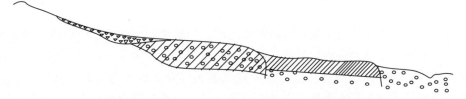

图 1.4　下降堆积区的山前洪积堆积——河谷地形

表 1.10　下降河谷地形不同地貌部位的沉积物组成和冻结特征

	Ⅰ	Ⅱ	Ⅲ	Ⅳ
地形位置	山顶斜坡	山前洪积倾斜坡地	垅地	河漫滩河床
物质成分及冻结特征	基岩裸露或堆积层较薄（残积-坡积）粗碎屑物，冻结状态，可见少量裂隙冰	常以粗颗粒土堆积为主，但夹有细颗粒土，冻结状态，可见薄层状冰层	冲积阶地，多为二层结构，上部常有细粒土层，下部为含有一定数量细粒土的砂砾石层。冻结状态，上部见薄层冰层，下部砾石孔隙为冰充填，见冰透镜体	多为卵砾石层

（4）以上升为主的侵蚀剥蚀地形是山间–河谷剖面。此类松散土的冻土发育较差（图 1.5，表 1.11）。

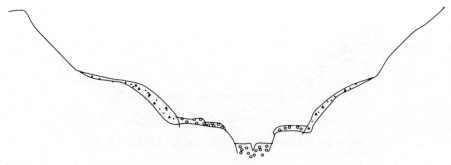

图 1.5　上升为主的侵蚀剥蚀地形——山间–河谷剖面

表 1.11　上升河谷地形不同地貌部位的沉积物组成和冻结特征

	Ⅰ	Ⅱ	Ⅲ	Ⅱ	Ⅰ
地形位置	山顶及陡斜坡	阶地	河床	阶地	山顶及陡斜坡
物质成分	基岩裸露，或零星富冰风化残积物	以粗粒土为主，土层较薄较干	河相沉积物	以粗粒土为主，土层较薄较干	基岩裸露，或零星富冰风化残积物

1.2.3　植被

从热力学角度讲，地表土壤和植被对多年冻土的影响仍然是通过影响地表的能量平衡进行的。植被通过改变地表辐射平衡、能水平衡状况等对多年冻土状况产生影响。暖季植被能够阻挡太阳辐射到达地面，植物的蒸腾也能起到降低地表温度和增加空气湿度的作用，因而有助于缓解多年冻土层的融化和升温过程。冷季植物根系、地表枯落物和土壤有机质层保温效果明显，植物地上部分能够降低风速，以减少土层内部热量的输出，不利于土壤的冷却和冻结。植被盖度、类型、植物种类和高度等因素都对活动层和多年冻土变化产生重要的影响。如地表植被覆盖状况对于浅层地温影响明显,良好的植被覆盖可以降低多年冻土对气候变化的响应。

1.3 多年冻土的分类

多年冻土分类是指依据特定目的而构建的指标体系对多年冻土进行类别的划分。因此,特定的指标体系是进行多年冻土分类的基础。目前有关多年冻土的分类分节介绍于下。

1.3.1 共生和后生多年冻土

按照多年冻土与岩土层形成年代的先后顺序关系,多年冻土可分为后生多年冻土及共生多年冻土。后生多年冻土是在物质沉积之后自上而下冻结形成的,特点是含冰量相对较少,多为整体结构或层状结构,具裂隙冰。共生多年冻土是指在沉积过程中发生冻结,产生自下而上冻结的多年冻土,如在沼泽、冲积平原和洪积扇等堆积地区,其特点是含冰量一般较高,多为层状或网状结构。由后生和共生作用混合形成的多年冻土称为多生多年冻土。现有多年冻土大多属于后生多年冻土。

1.3.2 衔接和不衔接多年冻土

在多数情况下,暖季土层的季节融化最大深度为多年冻土上限深度,季节融化层即为活动层,这种活动层厚度与多年冻土上限深度完全相等的多年冻土被称为衔接多年冻土;而活动层厚度小于多年冻土上限埋藏深度的多年冻土则被称为不衔接多年冻土。在不衔接多年冻土区,表层岩土层在冷季的冻结深度达不到多年冻土上限的位置,在最大冻结深度与多年冻土上限之间存在一个融化夹层。衔接多年冻土区的潜在冻结深度等于或大于潜在融化深度,而不衔接多年冻土区的潜在冻结深度小于潜在融化深度。

1.3.3 连续、不连续和岛状多年冻土区

环北极高纬度多年冻土具有明显的纬度地带性,自北而南多年冻土空间分布连续性逐渐减小。北部为连续多年冻土区,多年冻土占该区域总面积的95%以上,通常以-8℃年平均气温等值线作为其分布的南界;该界线以南,多年冻土占区域总面积的50%~90%,被划分为不连续多年冻土区,其南界大致与-4℃年平均气温等值线相符;再往南即为连续性在50%以下的岛状多年冻土区(图1.1,图1.6)。

对于高山地区,多年冻土发育于特定海拔之上,当垂直投影于平面上时,均呈现被周边非多年冻土包围的斑块状分布。基于这样的原因,较多学者认为高山多年冻土均是岛状

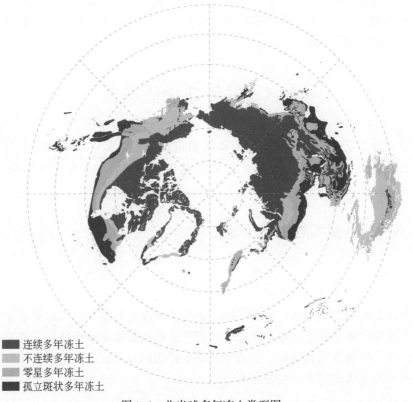

连续多年冻土
不连续多年冻土
零星多年冻土
孤立斑状多年冻土

图 1.6　北半球多年冻土类型图

多年冻土分布区。但从三维空间上看，特定海拔之上的多年冻土是连续分布的。因此，也有学者把向阳坡多年冻土分布的下界作为高海拔连续多年冻土分布的下界，如天山乌鲁木齐河源连续多年冻土分布的下界海拔为 3250m。

我国东北地区的多年冻土处于环北极高纬度多年冻土边缘，温度相对较高，连续性也较差。青藏高原周边高山区的特定海拔之上的山体上部、顶部大多发育高山多年冻土，而高原腹地多年冻土广泛分布，但受局地水文、地热及辐射等诸多因素影响，多年冻土的连续性一般在 90% 以下。据此，我国学者把我国东北地区和青藏高原的多年冻土划分为：大片连续多年冻土（连续性超过 75%）、连续多年冻土（65%~75%）、岛状融区多年冻土（50%~60%）和岛状多年冻土（5%~30%）。

1.3.4　气候驱动型和生态驱动型多年冻土

基于多年冻土形成过程中气候与生态因子所发挥作用的差异，Shur 和 Jorgenson（2007）把多年冻土划分为五种类型，即：气候驱动型多年冻土（climate-driven permafrost）、气候驱动-生态调节型多年冻土（climate-driven, ecosystem-modified permafrost）、气候驱动-生态保护型多年冻土（climate-driven, ecosystem-protected permafrost）、生态驱动型多年冻土（ecosystem-driven permafrost）、生态保护型多年冻土

（ecosystem-protected permafrost）。气候驱动型多年冻土分布于连续多年冻土区，多年冻土发育的主控因子是严寒的气候条件，除范围和深度较大的水体（河流、湖泊等）和地热极度异常（如温泉出露处）的地区，其他任何自然因素均不能改变地表下多年冻土发育的事实。气候驱动-生态调节型多年冻土也分布于连续多年冻土区，而多年冻土之上地表的植被连续性极好，地表有机质层也较厚，多年冻土上限附近一般发育一层富冰冻土，在气候持续变暖的背景下，此类多年冻土的连续性可能变差，向不连续状态转变。气候驱动-生态保护型多年冻土分布于不连续多年冻土区，是指那些地下冰极为发育、在目前气候条件下一旦退化后再难以恢复的多年冻土。生态驱动型多年冻土分布于低洼、背阴、平坦、排水条件较差的地区，良好的植被状况为多年冻土的发育创造了必要条件。生态保护型多年冻土分布于岛状多年冻土区，是指目前已经不具多年冻土形成的气候条件，现有多年冻土是历史寒冷气候时期的产物，并且受地表良好植被条件的保护得以保存到现在，这类多年冻土一旦受到扰动即可能发生严重退化，并再也不可能得到恢复。

1.3.5　稳定和不稳定多年冻土

由于不同类型多年冻土的热、力学等工程地质性质有着极大的差异，为保障多年冻土区各类工程构筑的正常使用，在工程的设计、施工乃至运营过程中，均需要考虑作为工程基础的多年冻土的特征。有关多年冻土工程稳定性分类的报道多来自于我国科学家，分类的主要技术指标为多年冻土温度。

被应用和引用最广的多年冻土稳定性分类系统是把多年冻土划分为上、中、下三个带和六个类型。实践中，也有部分科学家把不稳定和极不稳定两个类型合二为一的报道（表1.12）。

表 1.12　青藏公路沿线多年冻土稳定性分带

多年冻土稳定性分类	年平均地温/℃	多年冻土厚度/m	带界处的年均气温/℃	所占面积百分比/%
极稳定型	< -5.0	> 170	-8.5	5
稳定型	-5.0 ~ -3.0	110 ~ 170	-6.5	15
亚稳定型	-3.0 ~ -1.5	60 ~ 110	-5.0	30 ~ 35
过渡型	-1.5 ~ -0.5	30 ~ 60	-4.0	30 ~ 35
不稳定型	> -0.5	0 ~ 30	-2.0 ~ -3.0	10

在青藏铁路建设项目实施之初，铁道部根据青藏高原多年冻土的特点，2001年编制了青藏铁路高原多年冻土区工程设计暂行规定，根据不同年平均地温把多年冻土划分为四个类型区（表1.13）。

表 1.13　青藏铁路高原冻土区工程设计暂规中多年冻土稳定性划分

稳定型	低温稳定区	低温基本稳定区	高温不稳定区	高温极不稳定区
多年冻土地温分区	≤-2.0℃	-2.0 ~ -1.0℃	-1.0 ~ -0.5℃	-0.5 ~ -0℃

之后，吴青柏等根据青藏公路多年冻土的稳定性分类，用季节融化层底板到潜在季节冻结深度区间沉积物融化所需要的热量与季节冻结层底板温度升高至0℃所需要的热量之和，与夏半年土体吸收的热量的比值来描述冻土热稳定性。从而将冻土按热稳定性分为4类：热稳定型、热稳定过渡型、热不稳定型和热极不稳定型多年冻土（表1.14）。

表1.14　冻土热稳定性分类

	类型	年平均地温/℃	热稳定性指标	人类活动影响变化
I	热稳定型	≤-3.0	>2.4	人为活动不会对冻土热稳定性产生较大影响
II	热稳定过渡型	-3.0 ~ -1.5	1.1 ~ 2.4	人为活动将改变冻土热稳定性，导致建筑物失稳
III	热不稳定型	-1.5 ~ -0.85	0.5 ~ 1.1	人为活动将极大地改变冻土热稳定性，会使冻土发生退化
IV	热极不稳定型	>-0.85	<0.5	人为活动将导致冻土产生严重退化

1.3.6　高温和低温多年冻土

不同温度的多年冻土对气候和地表其他因素变化的响应有着极大差异，近年来，较多文献依据多年冻土对气候变化响应的差异性，把多年冻土划分为高温和低温两个类型，例如，吴青柏等提出的以多年冻土年均温度-1℃为界的分类和刘永智等提出的以-1.5℃为界的分类。

1.3.7　少冰、多冰、富冰和饱冰多年冻土及含土冰层

负温和含冰是多年冻土的两个主要特征，而含冰量的多少直接影响到冻土的物理、力学和工程性质。以冻土中含有冰的程度和状态可把多年冻土划分为以下五种类型（表1.15），这种分类是冻土工程生产实践的主要分类方法之一。

表1.15　多年冻土分类

类别	体积含冰量	融沉性
少冰冻土	$V<10\%$	不融沉
多冰冻土	$10\%<V<25\%$	弱融沉
富冰冻土	$25\%<V<40\%$	融沉
饱冰冻土	$40\%<V<60\%$	强融沉
含土冰层	$V>60\%$	融陷

1.3.8　多年冻土的融沉分类

对应于冻土中含冰量的大小，多年冻土融化后会发生不同程度的融沉，进而不同程度

地影响到工程建筑的稳定性。因此，工程界也往往按多年冻土融化后产生的融化下沉量对多年冻土进行分类，具体如表1.16。

表 1.16　按多年冻土融化后产生的融化下沉量对多年冻土进行分类

冻土类别	冻土融化下沉系数（A_0）	冻土类别	冻土融化下沉系数（A_0）
不融沉	$A_0 < 1\%$	强融沉	$3\% < A_0 < 10\%$
弱融沉	$1\% < A_0 < 3\%$	融陷	$A_0 > 25\%$
融沉	$3\% < A_0 < 10\%$		

1.4　多年冻土调查的意义和目的

多年冻土不仅受气候、地质地貌、水文、植被生态等诸多因素影响，反过来，多年冻土的存在和变化对气候、水文、植被等也有着极大影响。多年冻土的特征及变化也是决定工程构筑物地基稳定性的关键，因此，多年冻土调查不仅是掌握区域自然地理环境的基础性工作，也是寒区工程规划、设计、施工以及运营中必不可少的工作内容。

1.4.1　多年冻土与气候

作为分布面积仅次于积雪的冰冻圈组分，多年冻土在气候系统中扮演着十分重要的角色，其作用主要表现为以下两个方面。

1. 多年冻土在陆面能水过程中的作用

第一，多年冻土存在与否及其变化对地表土壤水分分布特征、地表植被条件有着极大影响。地表土层的含水量和地表植被条件的差异势必导致地表反照率、能水平衡特征和地表粗糙度的不同，进而通过影响地气能水循环过程影响到区域气候条件。

第二，多年冻土活动层的冻融过程极大地改变了地表的反照率和土壤的热力、水力学参数。如由于冰的导热能力是液态水的 3～4 倍，冻融过程中多年冻土及其活动层中未冻水含量的变化不仅改变了土层的导热性和导水性，使得地表土层的热力学和水力学参数发生季节性变化，而且由于冻结土壤的反照率要明显高于相同含水量融化土壤的反照率，使得地表反照率也发生着季节性变化。

第三，多年冻土活动层内每年至少有 300～400mm 的水分参与到冻融循环中，冻融过程中的水分相变对土壤温度具有较大调节作用。

多年冻土的这些特征均会通过地表土层水热耦合过程影响到地气间的能水交换，进而发挥其对区域气候系统的反馈作用。研究表明，青藏高原冻土的变化与亚洲季风及我国东部地区的降水异常间存在良好的统计关系，主要表现在季节冻土深度、持续时间等的变化和异常等与东亚、南亚季风、我国东部降水以及与 ENSO 事件的关系方面，与我国长江洪水与伏旱密切相关。

2. 多年冻土在全球碳循环中的作用

多年冻土区温度低，微生物代谢活动缓慢，因此有机质容易在土壤中积累保存。多年冻土区表层土壤及多年冻土层中都含有大量的有机质。北半球多年冻土区土壤有机碳储量约为 $1466 \sim 1672Pg$（$1Pg$ 为 $10^{15}g$），约占全球土壤有机碳储量的 50%。

多年冻土对全球温室气体排放与吸收有十分重要的影响。长期来看，多年冻土区对大气 CO_2 的吸收非常重要。研究表明，在过去的一万年中，多年冻土区对大气 CO_2 的吸收对地球升温变暖起到了重要减缓作用。近期研究认为多年冻土地区每年从大气中吸收 $0.8Pg$ C 的 CO_2，超过 IPCC 第四次评估报告估计全球陆地/海洋 CO_2 年吸收总量 $3.2Pg$ C 的 25%。长期来看，多年冻土区对大气 CO_2 的吸收非常重要。

与此同时，多年冻土区每年向大气排放大量的温室气体也十分可观，以甲烷为例，排放量估计每年在 $15 \sim 50Tg$（$1Tg$ 为 $10^{12}g$），占全球每年甲烷净排放量 $552Tg$ 的 3%~9%。

气候变暖背景下，除了多年冻土温度升高，活动层冻融循环模式和水热特征也在发生着显著改变，直接效应就是活动层的温度升高，厚度增大，土壤的透气性增强。导致微生物活动增强，储存在多年冻土区的土壤有机碳开始分解，使得含碳温室气体（CO_2 和 CH_4）快速释放，从而导致大气中 CO_2 和 CH_4 浓度的增加。温室气体的增加会加速气候变暖，而气候变暖又会进一步导致多年冻土区的碳的释放，从而形成气候变暖与多年冻土区退化和碳的释放之间的正反馈效应，进而在很大程度上改变大气含碳温室气体浓度和影响全球碳平衡。

1.4.2 多年冻土与区域水循环和生态系统

1. 多年冻土与水循环

多年冻土作为隔水层，不仅通过其上覆季节融化层（也即活动层）的动态变化调节着区域水文过程，而且其中赋存着大量地下冰，多年冻土的变化会导致地下冰的形成或融化，对区域水文过程也有重要影响。多年冻土的隔水作用可以提高流域融雪和降雨径流的产流量。冻土退化势必导致冻结层上水水位的下降，冻土的融化和消失也将使得降水更易于向深层土壤下渗，降水径流强度也可能减小，而地下水径流强度则可能增大。多年冻土活动层的冻融过程对区域水文过程也有调节作用，春夏季活动层的缓慢融化过程导致了其中水分的逐渐释放，而秋冬季节的冻结过程则使水分逐渐以固态形式保存到活动层中。因此，多年冻土的变化势必将导致多年冻土水文过程乃至全球水循环过程发生变化。据估算，青藏高原多年冻土含冰量至少达 $9500km^3$，近几十年青藏高原多年冻土由于退化每年释放的水量达到 $50\times10^8 \sim 110\times10^8m^3$，冻土变化对水文和水资源的影响潜力巨大。

此外，多年冻土及其活动层特殊的水热交换过程是维持高寒湿地存在的关键所在，而高寒湿地显著的水源涵养功能是稳定江河源区水循环与河川径流的重要因素。

2. 多年冻土与生态

多年冻土的隔水作用和低温条件导致了多年冻土区独特土壤的形成和发育。首先，冻融作用下活动层的水热特征随季节变化发生着极大变化，土壤中水分不断迁移，其中的盐分和养分也随之发生迁移，从而导致多年冻土土壤的成土过程与非冻土区有着极大差异。其次，多年冻土的隔水作用使得冻结层上水被限制在地表与多年冻土上限之间，保证了冻土区土壤的比较稳定的水分含量；而活动层的冻融过程又使得春夏之交植被生长初期地表浅层土壤融化，前一年冻结过程中以固态形式保存的水分融化，正好填补了植被生长初期土壤水分的不足，为植被生长提供必要的水分；随着融化过程的深入和融化锋面的下降，地面降水开始增加，保证了植被的整个生长发育过程。研究表明，正是多年冻土的存在，才使得青藏高原和北极地区在降水量不足 400mm 的情况下广泛分布着沼泽湿地和高寒草甸生态系统。

青藏高原多年冻土区湖泊、沼泽、湿地广泛分布，为世界上湿地分布海拔最高、面积最大的地区，且湿地类型独特，野生动植物种类繁多，被誉为重要的物种资源库。在过去的几十年中，由于气候变暖，高原多年冻土表现出不同程度的退化，高原的生态环境也发生了显著变化，成为我国生态环境严重退化的地区之一。与高纬度多年冻土相比，青藏高原多年冻土区又具有其独有的特征，主要表现在多年冻土的温度相对较高，连续性相对较差，多年冻土上限埋藏也较深，这些特点决定了其对气候变化更为敏感。近几十年来，青藏高原高寒草甸退化面积达 $16.2 \times 10^4 \text{km}^2$，占全区退化草地面积的 32.4%，而江河源区湿地减小约 35%。青藏高原多年冻土区的生态环境问题主要表现为多年冻土退化、湖泊和湿地减小、草场退化、水土流失、土地沙漠化这样一个整体趋势，高原植被的退化则表现为沼泽—沼泽草甸—草甸—草原—荒漠草原—荒漠这样一个渐变转化过程。

1.4.3 多年冻土与冰缘地貌

多年冻土区强烈的冻融作用对区域地形地貌有着极强的塑造作用，在寒冻风化、雪蚀、冻融蠕动、冻融分选、冻胀、冻裂、热融侵蚀等冰缘过程长期的作用下，多年冻土区发育着各种形态各异的地貌类型，如冻胀丘、石河、石环、冰楔多边形、石冰川、融冻泥流阶地、热融洼地等冰缘现象。不同类型多年冻土区的水热条件和冻融过程不同，区内发育的冰缘现象类型组合也不同。与多年冻土的纬度和海拔地带性分布规律类似，冰缘作用和现象的分布也具有明显的纬度和海拔地带性规律（图 1.7）。多年冻土的变化也必然导致冰缘现象发生变化，乃至于部分冰缘现象以"假象"或"遗迹"的形式保存，这些"假象"或"遗迹"也成为重建历史多年冻土演变过程最为有力的证据。因此，无论从现有冰缘现象与现代多年冻土的发育关系，还是从冰缘现象的遗迹与历史时期多年冻土发育的气候条件的角度，调查和研究冰缘现象在多年冻土调查研究中都具有重要的意义。

在极地多年冻土区，伴随着气候变暖和海水的侵蚀，海岸带在气候变暖背景下，多年冻土退化现象日趋严重，多年冻土内部分布极不均匀的地下冰体发生差异融化，强烈地塑造着这类多年冻土区的微地貌形态。最为显著的是环北极海岸带多年冻土的退化导致海岸

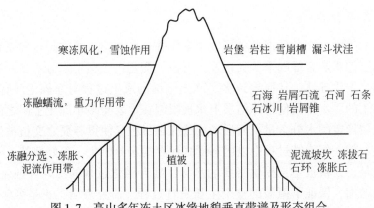

寒冻风化，雪蚀作用　　　　　　　　岩堡　岩柱　雪崩槽　漏斗状洼

冻融蠕流，重力作用带　　　　　　石海　岩屑石流　石河　石条
　　　　　　　　　　　　　　　　石冰川　岩屑锥

冻融分选、冻胀、　　　　植被　　　　泥流坡坎　冻拔石
泥流作用带　　　　　　　　　　　　石环　冻胀丘

图 1.7　高山多年冻土区冰缘地貌垂直带谱及形态组合

坍塌、退缩。研究表明，环北极海岸每年以近 2m 的速度向内陆退缩，近年来最高海岸退缩速度可达 8m/a，导致大面积陆地沉入海底。

1.4.4　多年冻土与工程

自然界常见的冻土大多是由冰、水、水汽、矿物质等组成的混合多相体系，对环境温度极为敏感，任何环境因子的改变均可能引起冻土温度发生变化，进而导致其水、热乃至力学性质发生变化。冻土的形成、发展、稳定乃至消亡整个发展过程均伴随着水分的迁移和冰水相变过程，土体也由于冰水的这种动态过程而发生着冻胀和融沉。冻土是冻土区各类工程构筑的基础，冻胀、融沉以及由温度变化导致冻土性质发生的变化均会对冻土区的工程构筑物产生一定影响。

多年冻土区工程构筑物所面临的最大问题是冻土地基的稳定性问题。冻土地基的工程稳定性除与不同类型工程的性质有关外，主要受多年冻土特征的制约，如冻土温度、活动层厚度、地下冰含量以及埋深等。与冻土相关的这些因素中，冻胀与融沉是影响冻土地基工程稳定性的核心过程，调查工程地区多年冻土分布与特征，并提出针对其工程稳定性的应对措施是多年冻土地区工程建设的前提。因此，在多年冻土区开展工程建设时，从论证、决策、设计到施工无不起步于对工程区多年冻土分布和特征的调查。可以说，多年冻土的分布和特征等本底资料是各类工程项目设计、施工的最基础依据。青藏高原最有代表性的工程如青藏铁路，围绕其建设先后开展了两次全线勘察工作，冻土勘探钻孔千余个。由此说明，没有多年冻土特征的第一手调查资料以及基于调查资料的深入分析和研究，青藏铁路建设无法得以顺利实施。

随着气候变暖、冻土退化，多年冻土地区的工程地质稳定性也随之发生着变化。在过去的几十年中，全球多年冻土的退化趋势明显，主要表现为多年冻土分布面积减小、活动层厚度增大、多年冻土厚度减薄、季节冻土冻结深度减小、冻结时间缩短等。多年冻土特征的变化已给多年冻土地区各类工程带来了新的问题，部分原有冻土地基处理方式已经不适合冻土现状，这就迫切需要掌握多年冻土现状、了解其变化特征，更好地为现有工程问题的治理提供背景资料。

1.4.5 多年冻土调查研究的目的

正如前述，多年冻土在气候、水文、生态系统中发挥着重要作用，并影响着寒区工程的稳定性，因此多年冻土调查的目的非常明确，即查明特定区域多年冻土的特征、分布以及冻土区的气候、生态、水文环境、地质地貌以及其他与冻土相关的要素等。一般来讲，多年冻土的分布范围（多年冻土分布界限）、埋藏深度（多年冻土上限深度或活动层厚度）、厚度（多年冻土下限深度）、温度、物质组成、地下冰以及活动层的水热状态是多年冻土调查的主要内容。有关多年冻土的调查一般是针对特定目的而展开的，主要包括为寒区工程服务的调查、以资源环境基础信息获取为目的的本底调查和为开展特定科学研究工作进行的调查几大类。为不同要求开展的调查，调查目的，调查的区域范围、内容、精度和方法等均有一定差异。

20 世纪以前的多年冻土调查大多与多年冻土区的生产实践活动相伴进行。世界上最早有关多年冻土的报道来自于俄罗斯，在西伯利亚地区的采矿、公路和铁路建设等工程建设的带动下，到 19 世纪前半期，已初步获得西伯利亚多年冻土的厚度、温度、埋藏条件等信息。我国对多年冻土的调查和研究工作开始于 20 世纪 50 年代，新中国成立初期东北的地质矿产调查、林业开发、铁路和公路建设等首先带动了我国对东北多年冻土的调查工作。1954 年青藏公路通车后，多年冻土问题引起了相关部门的重视，并在 1956～1962 年期间对青藏公路沿线的多年冻土进行了初步勘察，旨在查明多年冻土分布和特征，为青藏公路的维护和正常使用、进藏铁路的选线奠定工程地质基础。1974～1978 年，国家组织了对青藏铁路沿线多年冻土的第二次大规模调查工作，开展了多年冻土分布、冻土力学、热学性质和地基稳定性等方面的调查和研究。20 世纪 80 年代以后一直到 20 世纪末，青藏公路沥青路面陆续铺设，路基的冻害问题非常突出，我国共展开了 3 次以服务于青藏公路多年冻土路基整治为目的的多年冻土调查和研究工作。期间，结合工程建设，先后开展的多年冻土调查工作还有：西藏土门煤矿地区多年冻土调查（1963～1964 年）、青海热水煤矿（1969～1974 年）、格尔木至拉萨输油管线（1972～1973 年）、南疆铁路（1972～1976年）、大兴安岭林业开发和铁路建设（1973～1974 年）等。2001 年开始的青藏铁路建设把青藏公路/铁路沿线多年冻土的调查推向了一个新的阶段，以此项目为依托，展开了对青藏铁路沿线多年冻土的全面调查、监测和研究，为青藏铁路顺利修筑提供了保障。

以为寒区工程服务为目的的多年冻土调查，需要满足工程的设计、施工和运营过程中与多年冻土有关的各种问题，不仅需要查明多年冻土的基本特征，还要查明多年冻土的力学、热学性质及工程稳定性等，这在相关的规范中有详细说明，本手册不再赘述。

以资源环境基础信息获取为目的的多年冻土本底调查重点是为多年冻土区生态、水文等资源性的调查和研究服务，也可为区域乃至全球气候模拟提供陆面过程参数。此类多年冻土调查的重点是获取多年冻土的空间分布信息、活动层特征信息（厚度、温度、水分、养分）及水热参数等信息（物质组成、导热性、导水性）等。

在以开展特定科学目标的科学研究工作为目的的多年冻土调查方面，调查内容与科学目标密切相关，一般来讲，对研究区多年冻土主要特征指标的详细勘察、关键参数动态过程的定位监测是实现科研目标的主要技术手段。

1.5　本书的结构和主要内容

本书由9章和附录组成，前两章为多年冻土基本情况介绍和调查工作的总体设计方法、调查所要获取的有关多年冻土的主要特征参数，其中包括对调查区需要获取的主要背景资料及获取方式；第3~7章分别介绍了多年冻土调查的主要内容和方法，其中第3和第4章系有关植被和土壤的调查，这不仅是由于多年冻土区的植被和土壤有着独有的特征，更重要的是其与多年冻土有着不可分割的关系，是多年冻土边界和特征研究以及多年冻土综合制图所必须获得的量化地表特征的参数。当然，针对调查目的的不同，这两个部分的工作并非是必须开展的。本书的最后两章，即第8章和第9章主要介绍了多年冻土调查的最后汇总工作，即多年冻土制图和多年冻土数据库的构建。附录1~6是为方便和统一调查工作而制作的野外考察以及室内样品处理、分析时用到的记录表格。这些表格不仅统一了野外工作的整个过程，也为后期数据处理和数据库管理提供了方便。此外，附录7中收录了利用探地雷达勘察冻土分布特征的实例，读者可以参考和借鉴。

第1章是本书的绪论，首先对多年冻土的基本概念和目前全球乃至我国多年冻土的总体分布状况作了介绍，然后从多年冻土形成的热力学机制的角度讨论了影响多年冻土形成和发育的主要因素，继而介绍了目前国内外有关多年冻土分带、分类的基本情况和存在的问题。最后，从多年冻土对气候、水文、生态、地貌乃至工程等各方面的影响为切入点，探讨了多年冻土调查和研究的重要性和必要性，进而说明了多年冻土调查的目的。

第2章交代了多年冻土调查区域的选择和主要调查内容。本章的开始首先介绍了调查区的选择、比例尺及技术方案的确定，之后交代了在调查工作正式开始之前需要收集的基础背景资料目录和指标，最后逐个交代了多年冻土调查过程中需要获取的有关多年冻土的关键特征参数及这些参数的内涵。

第3章是有关多年冻土区植被调查的主要流程和方法。本章开始首先对我国多年冻土区的主要植被类型进行了汇总，目的是便于读者在进行冻土调查时，能够了解我国冻土区的主要植被特征。随后按照调查工作的流程从前期准备到最后调查数据的整理逐一做了说明。

与第3章相近，由于多年冻土区土壤的独特特征，而我国在多年冻土土壤调查方面又缺少手册参考，第4章参照美国对多年冻土区土壤调查手册，编制了多年冻土土壤的调查流程和方法。本章开始首先简要介绍了国内外与多年冻土土壤有关的分类系统，并简要概况了各分类系统的特点，然后概述了我国多年冻土区分布的主要土壤类型，以便读者参考。

第5章介绍了多年冻土空间分布边界的确定方法，包括水平方向的分布边界，如高海拔多年冻土下界、高纬度多年冻土南界等；垂直剖面上多年冻土的上下边界，即上限和下限以及多年冻土厚度的确定方法，其中有钻探和坑探直接勘探法、探地雷达和电磁法等地球物理勘探法，同时也介绍了各种经验计算、估算法和模型计算法等。不同方法都有其局限性，建议读者在应用过程中要针对各自的需求进行选择。

第 6 章是有关多年冻土常规监测的介绍，较为详细介绍了目前有关多年冻土监测的主要内容、监测指标体系、监测场地选择原则、监测设备的布设方法，推荐使用仪器设备的主要技术指标和安装要求等等。

第 7 章详细介绍了目前在我国常见的一些冰缘地貌现象及调查方法，主要包括不同冰缘地貌类型的成因、形态特征、发育地区、识别标志和测量内容等。冰缘地貌与多年冻土相伴而生，不同类型的冰缘地貌对多年冻土分布和特征有着重要指示作用，因此，也成为多年冻土调查和研究的重要内容之一。

第 8 章较为详细地描述了多年冻土图的编制过程，包括制图单元的确定、数据准备、采样和制图方法、说明书的编制等。同时也详尽地描述了制图流程和图件出版注意事宜。多年冻土调查结果的最直观、系统表现形式就是多年冻土系列图件。

第 9 章为多年冻土数据库建设。多年冻土调查数据具有独特特征，本章从数据前处理、数据特色及元数据标准制定、信息系统功能、数据管理流程及数据库的实现方法等方面介绍了多年冻土数据库的建设过程，最后基于"青藏高原多年冻土本底调查项目"数据库建设过程给予实例说明。

| 第 2 章 | 调查区与主要调查内容

多年冻土调查泛指对特定区域多年冻土空间分布特征（分布边界、上下限）、物理特征（温度、含冰量、水分）以及与多年冻土有关的地质现象（地层、构造、地貌、水文）和环境因子（气候、植被、土壤）开展的以冻土学及相关学科为科学指导，以观测研究为基础的调查工作。多年冻土调查的主要任务是应用遥感、地球物理勘探、地质勘探等各种手段和综合分析的方法，查明包括多年冻土的边界、活动层及多年冻土厚度、地温与地下冰特征、冰缘地貌现象、土壤与植被等特性，研究这些现象的发生、发展规律，并在此基础上编制一系列基础图件和资料，为多年冻土区国民经济建设和科学研究提供服务。

2.1　多年冻土调查总体技术方案

2.1.1　调查区和调查线路的确定

调查区（或典型调查点）和调查线路的选取需要依据任务的目的来确定。对于工程目的的冻土调查而言，调查区和调查线路的选取必须紧密结合工程所处的阶段来确定。在可行性研究或者选址阶段，调查区和线路应涵盖工程计划布设的所有建设场地；在初步勘察和详细勘察阶段，典型调查点和线路应集中在工程涉及的场地范围，应考虑工程的特点。点状的工程仅需要在工程建设所在位置开展冻土调查即可，线状工程的勘察应围绕工程线路来开展，而面状工程的勘察与区域性乃至大范围冻土调查的技术方案相似。

在开展大范围的普通冻土调查时，采取典型区调查和线路调查相结合的方式，不仅能够查明特定地点、地区多年冻土分布和特征的细节，也能够掌控整个调查区多年冻土的状态，利用最小工作量取得最佳效果。每个典型区域的选取主要考虑区内多年冻土分布和特征的典型性，考查区域地形、地貌、气候、海拔、地理位置等诸多因素及其区域代表性。典型区域内的调查工作，一般采用纵、横交叉，点、线相结合的原则，且要考虑实施过程中的交通可达性和便利性；冻土调查路线布置的密度、位置和方向、数量和勘探深度，取决于当地自然条件的复杂性以及岩石冻结层的分布与埋藏特征，以及冻土研究的任务和种类。

调查线路的选取一般应沿多年冻土发育条件变化最大的方向布置，对于高海拔多年冻土区的调查，一般沿海拔作为主调查线路，以垂直于主调查线路的横剖面为辅助调查线路；而对于高纬度多年冻土调查，一般沿经度线为主调查线路，突出纬度的变化，以海拔变化为辅。此外还需兼顾地质构造及河、湖等地表水系走向等因素，辅助调查线路一般要垂直于地质构造和地表水系走向。

（1）地势地形的变化：地势变化较快可能导致部分冻土野外调查工作无法开展，只有在地势变化较慢或地形变化较小的条件下才有可能按照上述方法布设调查路线。冻土往往在地形平缓的区域发育较好，即使在一个地貌单元内不同海拔的工作场地，往往坡度变化较大也使得冻土调查结果的可比性较差。另外，不同的坡向，地表接受的太阳辐射量差别显著，冻土的发育状况也有很大不同。对于坡向变化较大的中低纬度高海拔冻土而言，坡向的影响尤其显著。为此，在冻土调查线路布设中，应从更大的区域上宏观把握冻土调查的位置，既可以照顾到海拔变化的要求又可以兼顾地形变化的条件。

（2）土壤、水分、植被条件的变化：在连续多年冻土分布区，土壤、水分、植被对冻土的地温和活动层厚度影响较大；在岛状多年冻土区，土壤、水分、植被对冻土的分布范围影响较大；在多年冻土的边界附近，土壤、水分、植被对多年冻土分布下界海拔（高海拔多年冻土）或多年冻土分布南界（高纬度多年冻土）影响较大。因此，冻土调查线路的选取同样需要考虑调查区土壤、水分和植被的分布状况。

（3）现场的交通条件：在野外调查线路设计中，必须考虑调查点的可达性和开展调查工作的可行性。在有限的人员、资金、设备投入条件下，在平面上理想的或者比较重要的调查设计线路可能因交通条件限制（如河流、沼泽等阻碍），使得调查设备无法抵达调查点。因此，在调查线路设计中，应查明调查区交通状况，尽可能充分利用区内已有的各种道路确定调查线路。

2.1.2　比例尺选取

多年冻土调查比例尺的选择决定了调查工作的精细程度。调查区的范围及制图比例尺往往是由多年冻土野外调查的目的和内容决定的，调查目的和调查范围不同，其所需的数据类别、野外程序、调查比例尺、制图单元均存在很大差异。

对于服务于环境和生态的调查而言，多年冻土野外调查比例尺主要分为三种：大比例尺（1∶10000～1∶25000），中比例尺（1∶50000～1∶100000）和小比例尺（1∶200000～1∶500000）。一般来说，小区域范围多年冻土分布边界和基本特征的确定选用大比例尺，主要在寒区土地利用规划的编制中被采用；确定中等地貌单元（阶地、洼地、台地、山坡等）多年冻土形成与发育规律通常选用中比例尺；小比例尺主要适用于大范围多年冻土的本底调查，揭示整个区域多年冻土形成与发育规律。

对服务于工程建设的冻土勘察（调查）而言，比例尺的选取与工程安全等级、地基基础设计等级、工程重要性等级、场地复杂程度等级、地基复杂程度等级等有密切关系，上述等级越高，对应的冻土调查比例尺越大。对工程建设而言，调查所处的阶段对比例尺的大小往往起决定作用。一般来说，在可行性研究阶段，可以选用1∶5000～1∶50000的比例尺；在初步勘察阶段为1∶2000～1∶10000；详细勘察为1∶500～1∶2000。在冻土地质条件较为复杂的地段，需要适当放大比例尺。对工程有重要影响的厚层地下冰或者富含冰的局部区域，可以采用扩大的比例尺来进行调查。

2.1.3　总体技术方案

总体技术方案是开展冻土调查之前应完成的基础性工作，也是始终贯穿于调查工作并指导全程冻土调查的一个纲领性工作。总体技术方案应包括以下主要内容：①工作任务、目标及预期成果的确定。②背景资料调研。进行与多年冻土有关的各种资料的收集和汇总，了解拟调查区域的气象气候、地形地貌、地质构造、植被土壤以及交通运输等背景状况，预估多年冻土可能的分布状况和特征。③科技执行计划编制。根据项目目标和预期成果设计工作内容、技术路线、工作手段及工作量，编制详细的执行计划，对工作点位和线路、工作时间进行周密安排。④队伍组织、后勤保障方案制定，服务组织计划。对野外工作中可能面临的工作和后勤问题制定尽可能详尽的方案。由于野外调查需要大量的人力、物力，在进行多年冻土调查技术方案的设计时，在确保取得全面反映调查区域多年冻土调查成果的同时，应优先采用工作量较少的方案，尤其是现场工作量较少的方案。

1. 工作任务、目标及预期成果

总体技术方案的制定必须包含工作任务和目标，明确任务的来源和预期成果。总体而言，多年冻土调查的主要任务是查明多年冻土分布、特征及其与环境因子的关系，主要包括：

①多年冻土的分布、埋藏、成分、结构、构造、特性和温度状态；
②与土（岩）的冻结和融化有关的现象和过程；
③多年冻土的形成和发育历史；
④全球气候变暖和人为活动影响下多年冻土可能发生的变化。

不同的调查任务其工作目的不同，实现的预期成果也有显著区别，其具体内容必须严格按照项目任务书的要求来严格执行。一般而言，对于大范围的环境调查而言，冻土调查的主要预期目标是提交冻土调查的原始资料和长期监测资料的数据库、再分析资料的数据库、多年冻土的综合分布图及说明书，为开展调查区相关科学研究、生产实践规划提供基础数据资料；对于服务于工程建设的冻土调查而言，在选线和选址阶段要给出冻土分布的宏观分布范围（小比例尺冻土分布图），在初步勘察和详细勘察阶段要能够给出更大比例尺更为精细的冻土分布图，以便指出线路经过地区或场地所在位置多年冻土的具体特征，给出工程设计和施工所需要的技术参数，指导工程的设计、施工及运营等方案的制订。

2. 工作内容、技术手段、工作量及进度安排

野外工作内容要围绕任务和目的展开，要根据目标对内容进行分解和细化并给出完成每项内容的具体技术手段、工作量、进度安排；然后进行统筹规划，组织实施。

多年冻土调查的内容主要包括多年冻土的分布、埋藏条件、季节冻结层或季节融化层

的厚度和特征、多年冻土层的成分、结构与构造、多年冻土温度、年变化层厚度、与冻结和融化过程有关的现象、多年冻土层形成发展历史和年龄等。作为局地多年冻土分布的主要影响因子和辅助识别标志，植被和土壤也是多年冻土综合调查的重要内容。此外，调查区的气候、地理地质背景、水文地质条件等也是多年冻土调查过程中需要关注和描述的内容。

多年冻土调查的主要技术手段包括现场调查手段和室内分析测试两个部分，前者包括钻探、坑探、物探、剖面和样方调查及定位监测等；后者包括样品的分析化验、标本的鉴定、数据整理汇总、遥感反演解译、模型计算模拟等。

多年冻土调查的工作量与任务、目标和工作内容有关，一般而言，给定调查区范围、比例尺（精度）及主要技术指标，即可依据地质调查规范确定工作量。对于大范围的宏观多年冻土调查，首先抓住影响多年冻土的关键因素，譬如纬度、海拔、气候等，通过揭示多年冻土分布与这些因子的关系，合理布设点、线和典型区相结合的调查工作。对于小区域的冻土调查，地形地貌的影响往往是决定性的，包括坡向、坡度、地表的植被或者表土的水分条件等。在技术手段上，除了传统的钻探、坑探、物探之外，还需要充分利用 DEM 和遥感资料。然后借助实地踏勘和简易的坑探进一步缩小工作范围，最后借助钻探、测温和物探来确定冻土的准确分布边界。

多年冻土调查的工作量与地形、地貌的复杂程度密切相关，往往需要在不同的地形地貌单元上均单独开展工作，譬如盆地、平原、山谷、丘陵等。但是，对于同一个区域的同类型地貌单元而言，仍然需要考虑局地因素的影响，譬如表土岩性、地表积水状况、坡向、坡度等。

多年冻土调查区一般都远离人类的主要活动区，人类生存条件和交通条件均较差，野外调查工作所涉及的设备多、人员多、耗费时间长，人、财、物的消耗均较大，野外调查工作的工作量很大程度上决定了整体工作的进度。制定严密、合理的工作进度是顺利完成任务的必要保障。除了在野外工作开始前做好充分准备之外，还要充分估计现场工作的难度，包括场地安置、设备搬运和拆装以及其他后勤保障等。

3. 技术路线

在多年冻土调查中，为了更好地理解工作程序，有序地开展各项调查内容，确保调查任务的顺利完成，往往需要在开展野外工作之前，制定冻土调查工作的技术路线图。图 2.1 为冻土综合调查中常用的路线图之一，该路线图涵盖了冻土以及与其密切相关的植被和土壤共三个内容，以冻土自身的特征和分布规律为基础，通过建立冻土-植被关系、冻土-土壤关系，借助于植被、土壤的遥感分析，最终完成一个地区的冻土综合分布图。

多年冻土综合调查一般分为三个阶段，即前期准备、野外调查和内业整理，详细说明如下：

1）前期准备

（1）利用 GIS 平台结合调查区 DEM 数据分析调查区地形、地势以及计划调查区的道路状况。

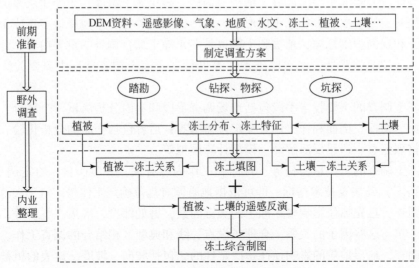

图2.1 冻土综合调查技术路线图

（2）通过调查区及邻近区域气象、地质、水文以及冻土等有关资料分析，结合多年冻土分布的地带性规律估计多年冻土分布下界海拔，初步绘制调查区多年冻土分布图。

（3）利用遥感图像、植被图、土壤图等图件，初步绘制调查区植被分布图和土壤分布图。

（4）根据以上制作的图件初步确定拟调查区域的调查点和调查线路。对于植被、土壤调查点，要注意调查点的均匀性、代表性；对于多年冻土调查点，要注意在多年冻土分布边界附近、不同地形地貌单元的典型位置布设调查点，同时也要考虑用不同海拔的高程控制点作为冻土调查和监测点。

2）野外调查

（1）进入野外现场后，首先对所设计的调查线路、预设调查点开展现场踏勘，根据现场实际条件确认和调整调查路线和调查点，同时根据现场情况在局部调查点布设与调查线路方向垂直的横向短剖面，以了解坡向、坡度等局地因素的影响。

（2）在各条调查线路、调查点有选择性地开展钻探、坑探、物探等作业，钻探点的布设一定要充分且必要，不确定之处可以采用坑探、物探先行调查，如果还不能够确定调查结果，再应用钻探方法来验证。

（3）按照各种调查方法的要求和程序获取多年冻土及相关土壤、植被、冰缘地貌等方面的调查资料。钻探调查主要获取多年冻土存在与否、多年冻土上下限埋深、多年冻土地温、多年冻土含冰状况、多年冻土岩性及结构、多年冻土中的碳及微生物等资料；坑探调查主要用来获取活动层埋深及土壤基本性质等资料，也可以用来辅助判断多年冻土的存在与否；物探调查主要获取多年冻土上下限埋深、多年冻土分布边界等资料。从技术路线图可以看出，冻土分布及特征的调查是野外调查工作的核心，土壤和植被调查是多年冻土综合调查的补充和辅助，后二者在野外调查期间可以为冻土调查提供指导，同时也是后期多年冻土分布制图的依据。由于土壤调查仅依赖于探坑，而植被调查和冰缘地貌调查则可以独立开展，因此在执行冻土调查工作的过程中，可以穿插完成这三项工作。

（4）相关样品的采集、测试。钻探样品的测试内容包括容重、颗粒分析、含水量（含冰量）、岩心中的碳、微生物、孢粉等，植被样品、土壤样品的采集和分析内容参见下面有关章节。

（5）选取典型多年冻土钻孔，布置对多年冻土主要特征要素，如多年冻土温度、活动层水热及主要环境因子，如地表气象及能水过程等的长期监测。

3）内业整理

（1）根据钻探、坑探、物探资料的综合分析，确定调查区不同地貌单元多年冻土分布边界，确定调查区多年冻土分布下界海拔及其与地形的关系；通过钻孔测温资料得到冻土地温与海拔之间的相关关系，分析多年冻土分布下界海拔；通过相互比较、验证确定多年冻土分布边界的变化规律，建立不同地形条件下的多年冻土分布模型，实现点到面的拓展。

（2）根据植被、土壤调查资料，绘制调查区植被类型分布图、土壤类型分布图。

（3）综合分析冻土特征、冻土分布边界与植被、土壤之间的关系，依据上述高程模型，结合调查区的植被、土壤遥感影像，对调查区域进行冻土综合制图。

（4）在冻土分布图中进行冰缘地貌填图。

（5）资料汇编录入数据库。

（6）编制调查报告，对各个图件进行详细说明和论证。调查报告根据调查任务的目的侧重点有所不同，一般包括：①调查区自然地理条件；②野外调查方法及过程；③多年冻土的分布及特征；④主要冰缘现象及发育规律；⑤多年冻土发育历史及变化趋势分析；⑥植被分布及特征；⑦土壤分布及特征。

2.2　调查区背景资料的收集

2.2.1　气象气候背景信息

气候背景是研究冻土及其变化的基础。通过收集区域气候背景资料，有助于分析和预估调查区多年冻土的分布状态，也有助于对多年冻土分布及特征予以气候背景条件下的解释。气候背景资料获取主要通过收集调查区域气象台站地面观测资料、各类调查、研究项目增设的观测场点的常规气象资料、遥感反演气象数据资料及相关科研文献中获取的资料等手段实现。与多年冻土调查和研究密切相关的气候信息包括 3 种。

1. 常规气象观测资料和地表辐射观测资料

前者主要包括气温、湿度、气压、风速、风向、降水（雪）量、蒸发等；而后者为四分量辐射观测资料，主要包括向下短波辐射、向下长波辐射、短波反射辐射和向上长波辐射。

实时观测资料：目前用于开展活动层和多年冻土研究模拟的各类模式所要求输入气象数据的最短时间步长可为半小时、1 小时，因此，获取调查区各观测站点的实时常规观测数据，是保证开展活动层和多年冻土模拟的必要输入条件。

观测数据的日均值：日均值也可满足大多有关多年冻土模拟的需求，因此，在不能获得实时观测资料的情况下，最好能够收集气象观测资料的日均值。如果需要日内数据，在更高时间分辨率数据不具备的情况下，可以通过考虑日内气象要素变化特征的插值方法得到。

观测数据的月均值：活动层和多年冻土地温年变化深度之上的水热动态过程是气候因子季节性变化的直接结果，因此，观测数据的月均值的获得，为开展活动层和浅层多年冻土变化过程和机理的分析提供关键数据。

观测数据的年均（总）值：多年冻土是长时间尺度（数年至百年、千年）气候与地表土（岩）层综合作用的结果，因此，年均（总）值和多年平均（总）值是一个地区特定气候特征的平均状态，在有关冻土资料欠缺时常常通过年平均气温、年累积积雪、降水、多年平均冻结融化指数等来推测多年冻土的存在性，甚至通过年平均气温推测多年冻土的分布边界。

气象资料的搜集最好能够搜集到逐日平均资料，在条件不允许的情况下，多年的月平均或者年平均值资料也基本可以满足一般的冻土调查需求。需要指出的是，随着近年来极端天气事件的增多，单一年度的气象资料往往不具有足够的说服力；另外，气象资料最好选择离人类聚居点较远的气象站点，城市的热岛效应往往会导致气温比临近的郊区高 1~2℃。

2. 其他气象资料

除上述气象因子，多年冻土分布与积雪、地表土层的冻融过程有着必然联系，因此，有关降雪时间、降雪量、雪密度、积雪厚度和持续时间、浅层地温、季节性冻结或融化深度等资料的收集也是冻土调查和研究的基础数据。

积雪对多年冻土的存在及热状态也具有很大影响。积雪主要在我国东北多年冻土区以及高山地区的多年冻土区域有显著影响，而在青藏高原主体区域，积雪的影响相对较弱。金会军、陈继等人也发现，积雪的厚度不同、季节不同，其作用效果也不同。对于薄层积雪而言，降雪有利于冻土的发育，冬季的厚层积雪则不利于冻土的降温，但是对于这个厚度的临界值，目前还没有定论。此外，积雪的影响程度还与其下部表土的成分与含水量有关，一般干土上的影响较小，而饱水土上的影响较大。

需要搜集的降水指标包括多年平均降雨量、多年平均降雪量，最好能找到降水的多年逐月平均资料，尤其是降雪的厚度和时空分布资料。同气温一样，极端天气条件下的降雨和降雪对多年冻土的长期影响也较小。

3. 季节冻结或融化深度

在季节冻土区或多年冻土区，季节冻结或融化深度也是气象站常设的一个观测指标。

在我国，季节冻土区分布着大量人口和城镇，气象站较多，因此易于获取这些地区的季节冻结深度。多年冻土地区由于自然条件较为恶劣，人口较少，因此可供利用的融化深度数据也比较少，此时往往需要搜集一些该地区科学研究用的气象观测站资料来了解季节融化深度的信息。

需要搜集的季节冻结深度包括多年最大季节冻结深度和多年最小季节冻结深度，季节融化深度指标包括多年最大融化深度和多年最小融化深度。当然，如果能够搜集到多年的季节冻深或融深发展过程资料，对该地区冻土信息的掌握将更加全面。

2.2.2　地形地貌背景

地形侧重于海拔与地形起伏，一般只分为高原、平原、山地、丘陵、盆地 5 大地形。多年冻土调查关心地貌不仅是地球表面起伏的形态，也应侧重于它的形成原因，一般有喀斯特地貌、流水侵蚀地貌、冰川侵蚀地貌、风蚀地貌、流水沉积地貌、冰川沉积地貌等。与地形相比，地貌的内涵更广，但是这并不意味着地貌可以完全代替地形，因此在描述一个地方影响冻土发育的因素时，地貌与地形都要考虑到。

地形图和数字地形数据（DEM）是开展多年冻土调查前必须收集的背景资料和数据，其不仅可提供多年冻土发育的地形和高程信息，同时也附带着详细的道路信息，在调查线路规划和调查点位的初步确定过程中发挥着重要作用。具体来说，地形资料有以下几个方面的来源：①不同比例尺的地形图，譬如 1∶50000、1∶100000、1∶200000 等。对于局地的调查而言比例尺越大越好。②调查区域的数字高程资料（DEM），这个数据可以在 GIS 平台上用来绘制地形图，而且可以灵活地增加道路、地物等信息。③调查区域的遥感影像。

调查区地貌类型，尤其是水成地貌和现代地表水体分布对多年冻土的分布特征影响极大，因此，地貌类型的区域分布、水成地貌类型和地表水体分布等信息有助于揭示多年冻土和地下冰空间分布规律。水分条件虽然一般不能决定多年冻土的发育与否，但是对多年冻土的发育范围有重要影响，尤其对岛状多年冻土和多年冻土下界的影响甚为显著。

地表水包括河流、湖泊。影响冻土的河流信息包括河流的宽度、流水的季节、水位、流量、河水来源等，其中河水来源包括冰川融水、积雪融水、降水等；湖泊的信息包括水体面积、水体形状、湖水的补给来源、湖水的水温等。除了河流、湖泊，出露泉水的地区对多年冻土的影响也较大，尤其要注意泉水的流量、水温和径流路径。

2.2.3　地质和构造背景

如前所述，影响多年冻土发育与分布的主要地质因素包括构造、岩性、地热及地下水分布特征，因此，在进行多年冻土调查前，需要尽可能详细地掌握这些地质因素，具体分述如下。

1. 地热

地热的来源并不是唯一的，同时受到地壳表层岩性的影响，地中的热流密度差异也较大。来自于地幔的热占地球热释放量的60%左右，且地幔热的释放速率稳定，排除掉岩性的差异，对多年冻土的影响相对均匀；放射性元素产生的热来自于地壳岩层中放射性元素（U、Th、K）衰变而产生的热量，约占地球内热的40%；岩浆热和岩浆体的残余热是形成局部地温场异常的重要原因，尽管这部分热在地球释放热量中所占的比例较小。根据前人的研究结果，从地表向下，地温按照每千米10～50℃的速率递增，全球平均值约每千米增温25～30℃。对多年冻土而言，其厚度与这种地温的增加速率有密切关系，地温增速越快，多年冻土厚度越小。

了解地热的途径最好是找到调查区域的地热分布图，除此之外，火山、温泉也是需要重视的地热现象之一，包括火山喷发的历史记录、喷发规模、活动状况，温泉的水量、温度等。

地层的形成年代对地热也具有重要的指示意义。一般情况下地质构造越是古老的地区，地壳表层散热条件越好，总生热量越小，热流值越低，深部地温也随之降低。因此，在地层年代古老的地区，多年冻土的厚度往往也较大。

2. 地质构造

地质构造的分布和活动状况不仅影响着地热特征的区域分布，也影响着地层岩性特征及地下水的分布，这些因子是多年冻土及其中地下冰发育的基础。因此，有关构造地质资料的获取也是深入了解多年冻土分布及成因的基础资料。主要包括：区域构造地质图、剖面图及相关文档说明资料，从这些资料信息中，可获取断陷盆地、断陷谷地、构造褶皱、构造隆起、断裂带等与多年冻土分布密切相关的构造信息。

与其他构造形式相比，断裂带对河流、湖泊的影响较大，断裂带往往是地表水与地下水的联系通道，加速了河流、湖泊融区的形成，在冻土调查中需要重视。

3. 地层、岩性

调查区域浅层的岩性、堆积物的类型对多年冻土的热状况有不同程度的影响。就岩性而言，砾石、块石土由于其自然对流作用有利于多年冻土的发育，粉土、黏土具有较好的持水性也有利于多年冻土的发育，砂土既不具有对流作用、持水性也差，因此砂土中不利于形成多年冻土。就堆积物的类型而言，湖相沉积地层、厚层的残积地层、洪积地层和河流相地层的冻土发育条件依次变差。

调查区地质图、第四纪地质图、地质剖面图及相关文本信息的收集是有关地层、岩性资料收集的主要内容。

4. 地下水

地下水是指存在于地表土层和地下岩石空隙中的水。地下水几乎遍布于大陆所有部分的地下，同时由于地下水的流动性和巨大的热侵蚀能力，地下水对多年冻土的影响也很显著。地下水主要有上层滞水、包气带水、潜水和承压水，地下水在地面的天然露头就形成了泉。在多年冻土地区，冻土层上部往往存在季节性融化水，水体较为活跃，受降雨、积雪融水和地表径流影响较大，年际变化大；冻土层内部一般仅有地下冰；冻土层下部如果有地下水，往往因为冻土隔水顶板的存在表现为承压水。

对冻结层上水而言，水的径流条件、水的含量多寡、土壤水的富集时间分布对冻土发育条件影响显著，且影响结果和其自身特点密切相关。水的径流条件越好，夏季流水的热侵蚀作用越强；表土的含水量越大，其热容也越大，不利于温度波的传递；土壤水随着径流条件和积累时间的不同，影响结果不同。在径流较好的条件下，春季、夏季和秋季初期的积累都可以导致活动层的加厚和冻土的升温；如果径流条件较差，不同季节的土壤水积累均有利于冻土的降温。

冻土层内的水（冰）基本不具有流动性，但是由于水的潜热巨大，含冰量的增加可以显著提高冻土抵抗外界变化的惰性。在全球气候变暖的背景下，高含冰量的冻土退化速率较慢；在全球气候降温的背景下，高含冰量冻土的降温速率也将减缓。

对于冻结层下水而言，在排除非饱和土中水分的条件下，如果冻结层下水有外泄通道，对多年冻土一般将产生热侵蚀作用，导致多年冻土从底板开始退化。

2.2.4　植被和土壤

除了上述主要因素以外，植被和土壤的区域分布信息是多年冻土分布和特征的遥感反演、模型模拟等方面基础数据资源，因此，在野外调查工作开始之前，应收集有关调查区的植被、土壤等地表覆被信息，主要包括：

(1) 植被分布图、土壤图、土地资源利用图等相关图件和说明书等。
(2) 调查区的植被样方、土壤剖面资料、土壤样品分析资料。
(3) 调查区的植物志、土壤分类检索、相关论文、论著等。

2.2.5　遥感数据

遥感是现代地球科学调查研究的主要技术手段之一，其不仅可以用来识别和反演区域地形、地貌、土壤、植被、地温、土壤水分等地表信息，也可以通过模式反演地表土壤的冻结融化、冻胀融沉等冻土信息，在多年冻土调查、研究和填图、制图过程中发挥重要的作用。可服务于多年冻土调查、研究工作的遥感数据源包含以下 5 类。

1. 遥感地形高程数据

数字高程模型 DEM（Digital Elevation Model），在许多研究中通过其计算所得的坡度、坡向等信息直接参与冻土模型的运算，成为当今冻土遥感中不可替代的重要数据来源。如穿梭于地面和外太空之间的航天飞机 SIR-A（1981 年）、B（1984 年）、C（1994 年）系列，以及 2000 年、2011 年美国航天局（NASA）和美国国家测绘局（NIMA）联合进行的航天飞机地形测绘任务（SRTM）和由 NASA 与日本经济产业省（METI）共同推出的两个版本 ASTER GDEM，为当前的科学研究提供了多种空间分辨率（30m、90m、1000m）的 DEM。

2. 遥感植被数据

遥感植被数据主要包括各种植被指数产品，如：归一化植被指数 NDVI（Normalized Difference Vegetation Index）、增强型植被指数 EVI（Enhanced Vegetation Index）和调整土壤亮度的植被指数 SAVI（Soil Adjusted Vegetation Index）等。其中 NDVI 得到了广泛的应用，包括冻土制图和活动层厚度估算等。常用于计算植被指数的遥感卫星、产品包括 Landsat、MODIS（Moderate Resolution Imaging Spectroradiometer）、SPOT（Satellite Pour Observation Terre）、AVHRR（Advanced Very High Resolution Radiometer）、ASTER（Advanced Spaceborne Thermal Emission and Reflection Radiometer）、Quickbird，以及国内的 HJ 卫星资料等。

3. 遥感土壤水分数据

利用遥感进行土壤湿度反演的方法有很多，最常用的是温度植被干旱指数 TVDI（temperature-vegetation dryness index），首先通过热红外波段反演地表温度，再根据地表温度和 NDVI 的特征空间来推算得到 TVDI，最后计算出土壤湿度。由遥感资料所得的土壤湿度数据不仅可以参与寒、旱区水文过程模式模拟，还可以为青藏高原的陆面过程模型提供参数。常用反演土壤水分的卫星产品主要包括 MODIS 和 Landsat。

4. 遥感气象数据

地表温度、积雪、降水等气象要素是冻土区模式的关键输入参数，也可以为遥感制图时冻土类型的区分、冻融循环过程的分析和冻土特征的表达提供基础数据。现有的成熟产品主要包括 MODIS 的 11 号地表温度和 10 号降雪产品，以及 TRMM（Tropical Rainfall Measuring Mission）降水产品和 GRACE 重力卫星水储量产品。

5. 遥感地表冻融数据

冻土区地表的冻融循环过程研究可以通过雷达获取的数据来进行，利用亮温观测数据来估算近地表（<10cm）土壤的冻融状况。当微波对土壤结构探测时，水分子冻结和融化状态的介电特性有很大差别。土壤发生冻结，位于其中的水分子开始被固定在晶格中，介电常数显著降低，水和冰的这种差异特性为微波遥感观测冻融状态提供了可行的理论基础。常用于推导地表冻融循环的遥感资料包括 SMMR、SSM/I、AMSR-E、ERS-1/2、EnviSat、RadarSat-1/2、ALOS 和 HJ-1C。

6. 其他遥感数据

在对冻土调查区进行遥感背景资料的收集时，需要根据特定的冻土调查目的和研究内容选取合适的遥感资料。除收集通用的研究区描述资料外，如高分影像（TM、SPOT 等真、假彩色合成及相应 DEM 影像），还应针对特定目标收集特定影像资料。例如，Liu（2011）选用主动微波资料 SAR 数据在阿拉斯加蒲福冲刷平原地区估算出活动层厚度。

2.3　多年冻土特征指标

2.3.1　冻土分布边界和多年冻土面积

1. 冻土分布边界

冻土与非冻土以及不同类型冻土之间在水平空间尺度上的边界即是冻土分布边界。受区域小气候、地质、地形、水文、土壤、植被等诸多因素的影响，冻土的分布极为复杂。在数百米乃至数十米的范围之内，冻土的分布特征可能呈现极大差异，如短时冻土边界附近可能同时存在冻土与非冻土，或者是一个地区某些年份有冻土而另外一些年份可能又无冻土。因此，在实践中很难找出严格意义上的冻土分布边界。绝大多数文献中，冻土边界是以"区"的概念划分的，其内涵是：如果某一区域有某种类型的冻土分布，就称这个地区为某种类型的冻土区，其与其他类型冻土（或非冻土）分布区的边界即成为该类型冻土边界。冻土边界主要包括短时冻土边界、季节冻土边界及多年冻土边界。

从冻土的地理分布状况来看，北半球短时冻土一般分布于冻土区的最南段，短时冻土边界有两个，包括其与季节冻土区的边界和非冻土区之间的边界。前者是季节冻土分布的最南边界，一般被称为季节冻土南界，而后者则被称为短时冻土南界。我国的季节冻土南界位于秦岭南坡—淮河一线，与冷季日极端最低地面温度低于−0.1℃的日数小于 30 日的界线一致，分布于年均气温 8～14℃之间。而短时冻土南界大致与南岭—滇北高原一线相当，与 1 月份地面极端最低温度−0.1℃相当，位于年均气温 18～22℃的等值线之间。季节冻土边界包括其与短时冻土之间的分布边界，即季节冻土南界，以及其与多年冻土区之间的边界，也即多年冻土分布边界。

全球多年冻土分为高纬度多年冻土和高海拔多年冻土（见 1.2.3 节），北半球高纬度多年冻土区的边界被称为多年冻土南界（the southern limit of permafrost, the southern boundary of permafrost），一般用纬度表示，是指多年冻土所能够分布的最南边界；而高海拔多年冻土区的边界被称为多年冻土下界（the lower limit of permafrost, the lower boundary of permafrost），是指多年冻土能够分布的最低海拔，用海拔表示。

此外，不同类型多年冻土之间仍然存在边界，对于北半球高纬度多年冻土，主要包括岛状多年冻土南界，不连续多年冻土南界和连续多年冻土南界；而对于高海拔多年冻土，则分别被称为岛状、不连续和连续多年冻土下界。

2. 冻土分布面积

从冻土分布边界可知，北半球各类冻土分布的南界以北或下界以上区域，每个类型的冻土分布并非是完全连续的，例如，短时冻土区可能存在非冻土区，岛状多年冻土区的大部分地区实际上分布着季节冻土，即使是连续多年冻土区，融区的分布面积最大也可达到10%。基于这样的原因，除特殊说明之外，目前国内外相关文献中有关多年冻土面积的报道主要是指多年冻土区的面积，而非多年冻土的实际面积。表1.1中全球及各大陆的多年冻土面积统计实际上就是指包含融区在内的多年冻土区的面积，而多年冻土分布的实际面积要比统计值小。现在借助冻土模型和陆面过程模式，我们可以得到更为准确的多年冻土分布的实际面积。

2.3.2　活动层厚度与多年冻土上限

活动层（active layer）是指位于地表以下、多年冻土层之上一定深度内冬季被冻结、夏季被融化的土（岩）层。由于多年冻土是基于地温特征（低于0℃）而定义的，活动层厚度就是地表下0℃等温线所能够到达的最大深度，活动层的下边界就是衔接多年冻土的上限（permafrost table，垂直剖面上多年冻土的顶板）。由于土壤水分总是含有一定溶质，其冻结点一般要低于0℃，以0℃等温线所能到达的最大深度作为活动层的下边

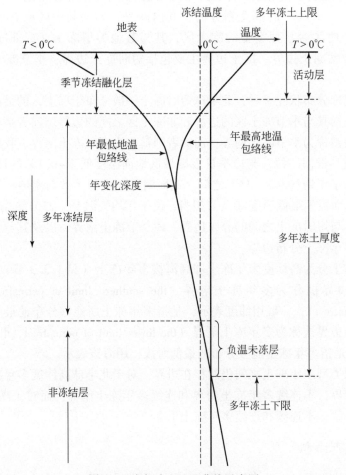

图2.2　多年冻土地温曲线示意图

界实际上并不能很好反映实际发生于岩土层的季节性冻融过程，基于 0℃ 等温线确定的多年冻土上限要比多年冻土的实际上限略小（图 2.2）。基于这样的原因，国际多年冻土协会（IPA）引入一个术语"冷生"（cryotic）来描述温度低于 0℃ 而高于土壤水分冻结点这一状态，把衔接多年冻土区真正发生年际水分相变过程的土层定义为活动层。这一定义有两层含义：①活动层是以其中的水的相态变化定义的，而非温度特征；②活动层厚度是一个表层土壤多年融化深度的极大值。依据这一定义，在确定活动层厚度时就面临一定的困难，首先表现在不同地区土壤中水分的冻结温度有所差异，常规的地温插值方法需要在知道监测点土壤水分的冻结温度后，或者需要辅以其他手段，如未冻水含量监测等才能确定活动层的厚度；其次，至少同时需要连续数年的监测资料。在目前的大多数多年冻土文献中，实际上是把多年冻土区夏季 0℃ 等温线能够达到的最大深度作为当年活动层的厚度。

2.3.3　多年冻土下限和多年冻土厚度

多年冻土下限（permafrost base；the bottom of permafrost）是指垂直剖面上地温为 0℃ 的界面，一般情况下，其上为多年冻土，其下是未冻土。多年冻土下限是多年冻土分布的最深深度，也被称为多年冻土底板，以深度计量（图 2.2）。

多年冻土厚度是指多年冻土上限与下限之间的岩/土层厚度，也即地表下连续两年及以上地温低于 0℃ 土层的厚度。从表 1.3 可以看出，目前探测到的我国多年冻土的厚度从数米到 100 余米，而目前勘察到最厚的多年冻土分布于俄罗斯西伯利亚勒拿河-亚纳河盆地北部，可达 1493m。而在环北极地区，活动层厚度，也即多年冻土上限埋深大多在 1m 之内，因此，相当多文献中把多年冻土下限深度看做多年冻土的厚度。

2.3.4　多年冻土温度

多年冻土温度是指不同深度多年冻土层的温度，是衡量多年冻土热状态的指标。在气候平衡或接近平衡的条件下，多年冻土温度随深度升高（图 2.2）。多年冻土年平均地温是指地温年变化深度处的温度，是研究多年冻土特征的一个重要参数。严格地讲，地温年变化深度是指地温年振幅等于 0℃ 的深度，但在实际应用中，地温年变化深度通常是指地温年振幅等于 0.1℃ 处的深度。多年冻土年平均地温大多介于 -10 ~ 0℃ 之间，目前观测到的最低多年冻土年平均温度在南极，其温度低达 -23℃。由于多年冻土温度是历史气候长期演变的结果，多年冻土温度剖面可被用来重建几百年的气候变化。

2.3.5　活动层水分状况

活动层中的水分状况是指活动层剖面上水分的垂直分布特征，一般用土壤含水量在活动层剖面上的分布特征表示。活动层不同深度的土壤水分状态在冻融过程的不同阶段发生着极大变化，冻结状态下水分以水汽、冰、未冻水三种形式存在；而在融化状态下，非饱和土层中水分主要以水汽、液态水的形式存在；而融化状态的饱和土层中，水分以液态水形式存在。

未冻水是指在负温条件下，冻土中没有被冻结的水分。未冻水形成的主要原因是土壤中的水分受表面张力（毛细作用力）、土颗粒表面吸附力（土水势）或/和化学键合力（结合水）的作用，使得水分的冰点降低，在温度低于介质中自由水冰点时仍以液态形式存在。冻土中未冻水的多少用未冻水含量描述，包括未冻水重量含量和未冻水体积含量两个指标。未冻水重量含量是指单位重量冻土中未冻水重量与干土重量之比值，以百分数表示，单位为 g/100g；而未冻水体积含量是指单位体积冻土中未冻水所占体积的比值，用比值或百分比表示，单位分别为 cm^3/cm^3 和 $cm^3/100cm^3$。测量未冻水含量的方法主要包括量热法、微波法和核磁共振法。特定类型土体的未冻水含量主要与温度有关（图 2.3）。

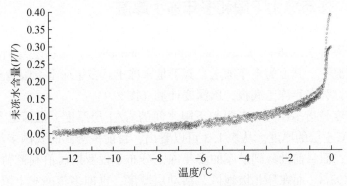

图 2.3　土体冻融过程中未冻水含量随温度的变化

未冻水使土粒被冰胶结的程度变差，冻土的强度降低，对冻土的工程性质有极大影响。未冻水的存在也是冻土中水分迁移的必要条件，冻土中任何条件和特征的差异，如温度、压力、含水量、土壤物质组成、含盐量等，均会导致未冻水含量的差异，进而引起未冻水的迁移和冻结。未冻水迁移是冻土中分凝冰脉、冰透镜体和冰层形成的主要原因。

活动层内部的水分状况是多年冻土调查的一个重要指标，原因在于其不仅通过水热耦合过程极大地影响着多年冻土上限深度、多年冻土温度和地下冰分布等冻土特征，也影响着地气能水交换过程、多年冻土区的生态特征和水循环过程。此外，活动层的水分状况也是衡量多年冻土区冻土工程冻胀敏感性的一个重要指标，高含水率的土层具有较强的冻胀敏感性。

2.3.6　地下冰

地下冰是包含在正冻结土体和冻土中所有类型冰的总称，用体积含冰量（cm^3/cm^3）或重量含冰量（kg/kg）表示。地下冰主要分布在岩石圈上部 10~30m 以上的深度内，如在北半球的高纬度地带有很多地方分布在其上部 0~30m 的深度内，其体积含冰量达到

50%~80%。地下冰的形成、存在和融化对气候、水文与水循环、生态环境、生物、土壤、碳循环、地形、地貌以及工程建筑物等均有重大的影响。地下冰可能是后生的或共生的，也可能是同时发生的或残余的，进化的或退化的，永久性的或季节性的，常以透镜状、冰楔、脉状、层状、不规则块状，或者作为单个晶体或帽状存在于矿物质颗粒之上（图2.4）。长久存在的地下冰一般只能存在于多年冻土体中。

a.冻土上限附近重复分凝冰　　　　b.昆仑山冻土中地下冰冰层

c.碎石土中的地下冰　　　　d.冻土中层状冰

图2.4　冻土中的地下冰

多年冻土均不同程度地含有地下冰，多年冻土层在形成和发展时期，土（岩）体中水分不断冻结集聚成冰，冻土退化时地下冰逐渐融化成水。冻土中地下冰参与水循环，对区域水循环和生态环境起到了重要的作用。同时冻土中地下冰含量对冻土工程也具有重大的影响。重复分凝机制导致多年冻土上限附近至地下一定深度范围内赋存有厚层地下冰，工程扰动和气候变化极易诱发地下冰融化，引起地表过程和热侵蚀过程的变化，如地表下沉、热融滑塌、融冻泥流、热融洼地、热融湖塘等，不仅对寒区生态环境产生重大影响，同时极易诱发冻土灾害问题，严重影响着冻土和寒区工程构筑物的稳定性，如融化下沉变形、路基开裂、桥梁坍塌等。

2.4　多年冻土地层剖面

钻孔和探坑是多年冻土调查中认识多年冻土地层的主要手段。钻孔主要用于多年冻土分布点控制、区域内代表性多年冻土地层剖面调查与描述、多年冻土测温与监测、多年冻土取样等，探坑主要用于辅助钻孔进行多年冻土分布调查、活动层土层剖面详细描述、活动层土层取样。在多年冻土调查中合理、经济地选取和布设钻孔和探坑是全面、准确掌握多年冻土地层剖面特征的基础。

2.4.1　钻孔和探坑位置选取原则

一般而言，钻孔的布设应在面上能反映整个调查区整体特征，在点上能代表调查区典型的地形地貌、植被覆盖等条件；而探坑是对钻孔勘探的补充。当两个钻孔不能完全控制其间的多年冻土地层剖面时，或者由于经济、交通等原因，在两者之间不能再布设钻探工作时，可以布设一个或者数个探坑揭露地表土层，从而探知多年冻土是否存在、可能的上限深度以及近地表的土层特征。探坑也是进行土壤调查的必要手段，因此，探坑的布设还要综合考虑研究区的土壤分布特征，要以能够全面代表调查区土壤特征为布设原则：

（1）全面性。根据选定区域的基本地形地貌特征、植被条件等划分若干多年冻土赋存类型，确保各类型区域均有钻孔控制。观测场址应选在能较好地反映典型冻土特征的地段，避免局部地形的影响，不受人类活动影响或所受人类活动影响不大。

（2）典型性。根据调查区典型地貌、植被等条件确定具有代表性的钻孔、探坑位置，使得钻孔、探坑可以代表调查区的主导条件。对某一影响多年冻土状态的局地因素而选择的代表点应该尽量突出该因素的影响，而消除或尽量减少其他因素的干扰，以便比较准确地反映局地因素对多年冻土的影响程度，进而向调查区推广。

（3）钻孔地温可比性。根据多年冻土地温随海拔升高而降低规律，对各局部地区，建立地温与高程统计关系是寻找下界、了解多年冻土分布的有效方法之一。在选择这类钻孔时，应尽量在局地因素（主要为坡向）基本相同的情况下，选择不同海拔的若干孔位，以便利用地温随海拔的变化率，作外推评估。

（4）交通可达性。目前采用的钻探工具主要为汽车钻和小百米钻，由车辆牵引或运输。钻孔位置也受限于车辆可达性。部分场地布设完成后需要进行定期观测，仪器也需要定期维护。因此，选择场地位置时必须考虑交通条件。另外，为解决钻进中泥浆或清水循环冷却需求，亦应注意兼顾地表水体的获取。

（5）仪器设备安全性。对场地周边环境应有明确认识，避免在有流水冲刷的冲沟边缘和有泥石流、滑坡等地质灾害的地段布设监测点。需要架设仪器的场地应避免人为扰动破坏，在人类活动频繁地区的观测场需要布设围栏。

2.4.2　冻土钻探的技术要求

（1）多年冻土钻探作业一般采用岩心钻机来进行，并对岩心管内土壤样品进行采集，对于冻结岩心，岩心采集率在完整岩体和黏性土层大于80%，砂性土不低于60%，卵砾类土、风化带和破碎带不低于50%。

（2）钻探开孔直径视项目要求和深度而定。一般在土层中（含冻土）孔径不小于

130mm，在岩石中孔径不小于 110mm 为宜。

（3）钻探过程中不应超管钻进，当冻土为第四系松散地层时，宜采用低速干钻方法，回次钻探时间不宜太长，一般以进尺在 0.20～0.50m 为宜。对于高含冰量的冻结黏性土应采取快速干钻方法，回次进尺不宜大于 0.80m。对于冻结的碎块石和基岩，可采用低温冲洗液钻进方法。

（4）岩心管中取心通常使用锤击钻头、空蹲岩心管、缓慢泵压退心或热水加温岩心管等方法。对取出的岩心要注意摆放顺序、深度位置及尺寸，并及时编录、取样和试验。

（5）对确定多年冻土存在与否的验证孔，钻孔深度应达到 6m；对于地温监测孔，深度应达到多年冻土地温年变化深度，在青藏高原地区一般按照 15m 以上深度钻探。

（6）钻孔完成以后，除了验证孔外，都应该埋设测温管，以获取地温数据。测温管的材料宜用 2～3cm 直径的铝塑管，或 5cm 直径的镀锌钢管，测温管的底部和接头处做好防水措施，保证管内长期不进水。

（7）当测温管插入钻孔后，尽量用松散、干燥、无较大团块的土料回填钻孔，并尽量保证填实，孔中不留空段。

（8）钻进期间应尽量减少对场地植被的破坏，报废孔和循环水坑要及时回填，并恢复地表植被原貌。

（9）钻孔施工时间因钻孔的目的有所不同，一般应选择在每年的 9～10 月份，以确保准确观测到冻土的上限位置和活动层厚度。但在不需要上述数据的前提下，可以选择其他时间。

2.4.3　地层剖面的描述

1. 坑探剖面描述

坑探是冻土调查中不可少的一项工作，它既是揭示地质、冻土特征的重要辅助手段，也是钻探工作的辅助手段，是物探解释工作的验证资料之一。冻土探坑剖面的描述主要包括下列内容：

（1）探坑编号、描述者姓名、开挖时间。

（2）所在区域、地点、经纬度坐标、海拔。

（3）地形、地貌、微地貌特征、坡度、坡向、坡形。

（4）地表植被覆盖率、排水状况、侵蚀状况、冻融状况、人类活动状况等。

（5）土壤发生层的划分，各层厚度、边界线清晰度、边界线形状、土壤颜色、质地、结构、紧实度、黏性、可塑性、根系、砾石含量、裂隙、新生体、动物痕迹、容重、含水量等。

（6）探坑深度、冻融深度、含冰层厚度、含冰层体积含冰量。

（7）剖面位置示意图、剖面层位示意图、剖面照片等。

2. 钻孔剖面描述

钻探是多年冻土调查中最基本的手段。许多多年冻土的基本特征都只有采用钻探调查才能准确获知。通过钻探岩心观察和记录、现场取样测试以及岩心样的室内测试等手段，可以较全面地了解诸如活动层厚度、地下冰含量及构造、地层岩性等基本的多年冻土物理–力学–化学特征的定性或定量化参数，判别多年冻土成因，预测多年冻土环境与气候的变迁。多年冻土地温的观测与监测也是通过钻探调查来实现的。对地温孔的常规监测，可以掌握多年地温动态及其梯度等量化的指标，为多年冻土地温分类、分区提供基础数据，并建立多年冻土分布模型，以便向周边地区推广应用。

多年冻土钻孔竣工后一般应提交下列资料：钻孔柱状图、野外测试记录、钻孔结构和施工情况记录、岩心取样表及移交保管表、钻孔质量验收书等。钻孔柱状图中包含对钻孔剖面的详细描述。钻孔剖面的描述一般应包括以下内容：

（1）钻孔名称、钻孔归属单位、钻探单位、钻探方法、钻探深度、开孔/终孔时间。

（2）钻孔位置信息：包括经纬度、海拔、宏观及微观地形地貌、植被类型及盖度、距离公路的距离、周边人为活动信息等。

（3）基本土层描述：包括各土层埋深、厚度、岩性、颜色、密实度、岩心完整性及其中碎（卵）石块含量、粒径、形态等。

（4）地下水位描述：包括层间水、冻结层上水、稳定地下水等不同类型的地下水水位，并说明不同水层属于潜水还是承压水，基本的水质特征。

（5）土层冻土特征描述：包括活动层厚度、稳定多年冻土上下限和厚度、冻土含冰类型及结构、体积含冰量估计等。

（6）钻孔剖面取样描述：取样深度，取样类别、取样的完整性。特殊包容物的采样，如钙质结核、化石、古土壤层等。

3. 冻土特征描述

除上述特征外，在进行剖面描述时，需要重点关注并详细描述以下与冻土密切相关的特征，如冻土类型（表2.1）、冻土构造（表2.2）及地下冰特征和成因（表2.3）。

表 2.1　冻土的描述和定名

土类	含冰特征		冻土类别定名
Ⅰ 未冻土	处于非冻结状态的岩、土	按国标 GBJ 145-90 进行定名	
Ⅱ 冻土	肉眼看不见分凝冰的冻土（N）	①胶结性差，易碎的冻土（N_f）	少冰冻土（S）
		②无过剩冰的冻土（N_{bn}）	
		③胶结良好的冻土（N_b）	
		④有过剩冰的冻土（N_{be}）	
	肉眼可见分凝冰，但冰层厚度小于2.5cm的冻土（V）	①单个冰晶体或冰包裹体的冻土（V_x）	
		②在颗粒周围有冰膜的冻土（V_c）	多冰冻土（D）
		③不规则走向的冰条带冻土（V_r）	富冰冻土（F）
		④层状或明显定向的冰条带冻土（V_s）	饱冰冻土（B）

土类	含冰特征		冻土类别定名
Ⅲ 厚层冰	冰厚度大于 2.5cm 的含冰土层或纯冰层（ICE）	①含土冰层（ICE+土类符号）	含土冰层（H）
		②纯冰层（ICE）	ICE+土类符号

表2.2　冻土构造与野外鉴别

构造类别	冰的产状	岩性与地貌条件	冻结特征	融化特征
整体构造	晶粒状	①岩性多为细粒土，但砂砾石土冻结亦可产生此构造。 ②一般分布在长草或幼树的阶地和缓坡地带以及其他地带。 ③土壤湿度：稍湿 $\omega<\omega_p$	①粗颗粒土冻结，结构较紧密，孔隙中有冰晶，可用放大镜观察到。 ②细粒土冻结，呈整体状。 ③冻结强度一般（中等），可用锤子击碎	①融化后原土的结构不产生变化。 ②无渗水现象。 ③融化后，不产生融沉现象
层状构造	微层状（冰厚一般可达 1～5mm）	①岩性以粉砂土或黏性土为主。 ②多分布在冲–洪积扇及阶地其他地带，地植物较茂密。 ③土壤湿度：潮湿 $\omega_p\leqslant\omega<\omega_p+7$	①粗颗粒土冻结，孔隙被较多冰晶充填，偶尔可见薄冰层。 ②细粒土冻结，呈微层状构造，可见薄冰层或透镜状冰。 ③冻结强度很高，不易击碎	①融化后原土体积缩小，现象不明显。 ②有少量水分渗入。 ③融化后，产生弱融沉现象
	层状（冰厚一般可达 5～10mm）	①岩性以粉砂土为主。 ②一般分布在阶地或塔头草沼泽地带。 ③有一定的水源补给条件。 ④土壤湿度：很湿 $\omega_p+7\leqslant\omega<\omega_p+15$	①粗颗粒土如砾石被冰分离，可见较多水透镜体。 ②细颗粒土冻结，可见层状冰。 ③冻结强度高，极难击碎	①融化后土体积缩小。 ②有较多水分渗出。 ③融化后产生融沉现象
网状构造	网状（冰厚一般可达 10～25mm）	①岩性以细颗粒土为主。 ②一般分布在塔头草沼泽与低洼地带。 ③土壤湿度：饱和 $\omega_p+15\leqslant\omega<\omega_p+35$	①粗颗粒土冻结，有大量冰层或冰透镜体存在。 ②细颗粒土冻结，冻土互层。 ③冻结强度偏低，易击碎	①融化后土体积缩小，水土界限分明，并可成流动状态。 ②融化后产生融沉现象
	厚层网状（冰层一般可达 25mm 以上）	①岩性以细颗粒土为主。 ②分布在低洼积水地带，植被以塔头草、苔藓、灌丛为主。 ③土壤湿度：超饱和 $\omega>\omega_p+35$	①以中厚层状构造为主。 ②冰体积大于土体积。 ③冻结强度很低，极易击碎	①融化后水土分离现象极其明显，并成流动体。 ②融化后产生融陷现象

表 2.3　地下冰分布类型与自然地质条件的关系

地下冰类型	岩性成分	土层成因类型	地形位置	层位
中厚层状分凝地下冰	黏土、亚黏土	主要分布于坡积及坡积残积层	山前缓坡山间盆地	季节融化层之下
薄微层状分凝地下冰	黏土、亚黏土、亚砂土	坡积、冲积、洪积层上部	山前缓坡冲积台地等	多在季节融化层中下部，多年冻土中亦见
胶结粒状地下冰	黏土、亚黏土、粉土、中粗细砂	坡积洪积层上部	山前缓坡冲洪积台地	多在季节融化层中上部
胶结充填地下冰	砂砾石、卵砾石、碎块石	洪积、冲积层中下部，风化碎屑层中下部	斜坡地带及冲洪积台地	多年冻土上限之上下有分布
胶结裂隙状地下冰	基岩及风化基岩		任何地段的冻结基岩均可见	多在季节融化层之下，其上亦可见

2.4.4　剖面样品采集

1. 探坑样品的采集

1）颗粒组成分析样品的采集

探坑土壤样品采用分层采样方法。在分层采样时应将该层位上下不同部分都采集到，即做到均匀性，尤其是土壤层位较厚时，更需注意这一点，否则采集的样品不能很好代表该层位整体特征。样品采集量可根据需要来确定，一般原则是样品含砂或砾石较多时，应适当增加样品采集量，确保满足实验分析需要的细粒成分的分量。

2）容重样品采集

根据用途不同容重样品可按土壤层位采集或按剖面深度等间距采集。容重样品采集通常采用环刀法，而对富含有机质、根系或石砾较多的土壤，则宜采用挖坑法。环刀法采样时应先削平采样部位，再将不锈钢环刀垂直压入（或打入）土层内，拔出环刀并削平环刀两端出露的土壤，擦去环刀外面的土，将土样装入定制的圆形铝盒（一般容积为 120mL）内封装（可用胶带进行密封，防止水分蒸发散失）并编号，然后在室内进行称重、烘干、计算土壤容重。容重样品通常每层取至少 3 个重复样品。每一层位采集的容重样品应在野外调查记录表上进行记录。容重具体测量方法可参考《土壤物理性质测定法》。

3）理化指标分析样品采集

土壤理化指标分析样品根据土壤发生层位分层采集。每一发生层的样品取 3 个重复，同一层次的样品为多点混合样。若土层过厚，可在该层的上部或下部各取两个样品，样品一般不应少于 0.5 ~ 1.0kg（可根据需要确定）。若含较多石块时，应加大取样量。取出的土样分层分别装入布袋内，内装一个标签，外挂一个标签，标签上注明采样地点、日期、层次、样品编号及采集人等。分析样带回室内，拣去植物体及根系等，置于阴凉通风处风干，过 2mm 筛后装袋备用。

4）土壤碳密度样品采集

多年冻土区碳密度的采集主要是按层位或深度取样，采用布袋或自封袋装样品。可以根据岩心的颜色、质地、含冰量、砾石含量、植物组织含量等情况进行分段采样，每一段颜色相似的岩心至少要采集一个样品，对于同一段较长的岩心，则可以多采几个样品，同时记录岩心的情况，包括采样段岩心的长度、颜色、质地信息。

采样期间需要用刀具、锤子等工具将岩心表层剥离，取中间未受扰动的样品，用排水法测定容重，另取部分样品分析含水量。

测定土壤有机碳的常用的方法是重铬酸钾氧化-外加热法和烧失法（即在 550℃ 条件下灼烧 4 小时，失去的重量即为有机质的质量）。近年来，元素分析仪的推广很快，很多实验室都可以用来进行测定，用元素分析仪测定方法准确、快速，样品在分析前需用盐酸处理以去除碳酸盐。

5）土壤微生物采集

土壤微生物受气候、土壤、耕作、施肥等的影响较大，采集土壤微生物样品需要保证土样的代表性。针对土壤微生物的采集一般选择人为干扰少的地点进行采样，在自然土壤中采集未经人为扰动的土壤作为供试样品。微生物在土壤中的空间分布差异很大，因此采样时应在整个采样地中进行随机多点取样，并按四分法混匀，按研究目的选取一定量土壤样品。

微生物样品的采集方法同多年冻土层中碳密度样品的采集。但是微生物样品在采集的时候需要注意防止污染，采样所用的工具（土钻、聚乙烯塑料袋或布袋等）都必须事先灭菌，无灭菌条件时可以就地采取土样对容器进行清洗，以免土样以外的杂菌污染土壤样品。岩心表层在剥离时需要小心，样品保存的时候最好使用聚乙烯瓶（例如植物组织培养瓶），并避免阳光直射。土壤微生物的种类、数量和活性受外界环境影响很大，因此采集回的样品应尽快送回实验室分析测定，置于冰柜中冷冻，视土样的温度情况，一般在 -4℃，运回实验室后分析。

微生物的计数通常有显微直接计数法和平板计数法。对于特定的微生物例如嗜乙酸甲烷产生菌等则需要特定的培养基。

近年来，分子生物学的研究发展很快，在多年冻土层中的微生物研究中也得到了应用。具体研究方法参考专门的微生物学文献。

2. 钻孔剖面样品的采集

钻孔剖面的取样是通过从岩心中采取样品来实现的。钻孔剖面土层样品一般分为现场测试样品和实验室分析样品两类。现场测试样品主要为含水（冰）量和容重样品；实验室分析样品主要包括土层颗粒分析样品、土层常规岩土参数测试样品、土层理化性质样品。

（1）含水量样品采取。剥开岩心表层受钻进扰动较大的土层，取岩心中心部位未经钻进摩擦扰动的原状样为宜，对于破碎的松散岩心，应从中选取成团块状的岩心，多年冻土层的岩心应挑选较大的冻块剥去表面污染层装盒。含水量样品的采取应保证各类土层均匀样品，对于冻土样品，在保证土层变化样品的基础上，应该按照含冰量的变化情况采取样品。当土层均匀时，最大取样厚度一般不超过2m。

（2）容重样品的采取。冻土容重的现场测试一般采用排水法。为了获取较为准确的容重测试数据，采取容重样品应选取岩心完整性高、体积较大的冻结样品。将岩心周围钻探扰动的泥块、污浊物去除后得到容重样品。容重样品尽可能与含水量样品同步采取。

（3）土层颗粒分析样品。颗粒分析样品可在钻探完成后按照土层变化情况从岩心中采取，取样时应注意将钻探扰动的部分去除。样品一般先装于塑料袋中，然后再装至布袋中。采样时对样品编制含有取样钻孔、土层深度、取样时间的标签。每个样品一般不少于1kg。

（4）土层常规岩土参数。根据任务目的不同，一些调查需要土层常规岩土参数。如强度、导热系数、冻胀率、融沉系数等。这些样品的采取除了有原状样要求外，一般与采取颗粒分析样品相同，每个样品的数量因实验内容而异，一般不少于2kg。

（5）土层理化性质样品。根据任务要求确定采样。一般与颗粒分析样品采取原则相同。在部分调查中，可能要求按照一定的深度采取理化性质分析样品。一般每个样品重量不少于1kg。

大多情况下，颗粒分析样品、岩土参数样品、理化分析样品可一次性统一采取，在实验室分析中可重复利用。

（6）岩心中的碳和微生物的取样方法与坑探类似。

2.4.5 岩层主要参数的测试

1. 含水量

土的含水量是试样在105~110℃下烘至恒量时所失去的水质量和干土质量的比值，用百分比表示。含水量是土的基本物理指标之一，它是计算土的干密度、孔隙比、饱和度等必要指标，也是检测土工构筑物施工质量的重要指标。

测定含水量的方法有多种，但野外测定一般以烘干法为主。烘干法操作简单，又能确保质量，是多年冻土野外调查工作的现场测定土层含水量主要应用方法。

2. 容重

土壤容重是指单位容积原状土壤的质量，通常以g/cm³表示，土壤容重大小反映土壤结构、透气性、透水性能以及保水能力的高低，是土壤主要的物理性状之一。对于未冻土，测定的土壤容重通常用环刀法。此外，还有蜡封法、水银排出法、填砂法和射线法（双放射源）等。对于冻结土，通常采用排液法测定土样的容重。将冻土样品称重，然后置于装有一定量液体的容器，测量排出的液体体积即为土样体积，由此计算土样容重。

3. 孔隙度

土壤孔隙度也称孔度，指单位容积土壤中孔隙所占体积的分数或百分数，即土壤固体颗粒间孔隙的百分率。土壤总孔隙度包括毛管孔隙及非毛管孔隙，一般来说，粗质地土壤孔隙度较低，但粗孔隙较多，细质地土壤正好相反。土壤孔隙度一般都不直接测定，而是由土粒密度和容重计算求得。土壤调查中常采用目视法描述土壤的孔隙度和孔隙大小。

4. 颗粒分析

冻土颗粒成分的试验方法按国标《土工试验方法标准》（GB 50123-1999）规定的颗粒分析试验方法。通常的试验方法有三种方法：筛分法、密度计法和移液管法。三种方法的具体操作步骤按国标《土工试验方法标准》的第 7 章的"颗粒分析试验"进行试验。

5. 植物根系

土壤调查中对植物根系应描述根系的粗细和延展深度。

6. 化学成分

冻土调查和土壤调查中需要确定土层的 pH 和含盐量。主要测定易溶盐的成分（K^+、Na^+、Ca^{2+}、Mg^{2+}、Cl^-、SO_4^{2-}、CO_3^{2-} 和 HCO_3^-）与含量。

7. 腐殖质

测定土壤（土层）的腐殖质含量及分布厚度。

8. 电阻率和极化率

电阻率和极化率是地区物理勘探中的主要参数。冻、融土中矿物颗粒、水分、孔隙以及结构、构造等诸多方面的不均匀导致这些参数的不同。测定方法应根据实际情况采用露头法、标本法或测井法及已知点测深反演法。为更好地解释异常或解决某些特定的问题，还应进行物理模拟或数值模拟工作，物理模拟工作应根据野外的实际地电断面条件，符合相似性原理。

第3章 | 多年冻土区植被调查

地表植被状况是地表土层及其中水分、热量和养分动态平衡过程的一种外在表现，它不仅是多年冻土的重要影响因子，有时也可作为判断多年冻土区地表下多年冻土存在与否的表征。因此，在调查多年冻土分布状况和特征时，了解调查区植被特征的分布状况，可为准确确定多年冻土的分布特征（如温度状况、含冰状况）提供参考依据，也可为区域多年冻土的物理过程模拟提供本底参数。考虑到本手册的适用对象，本章首先对我国多年冻土区的主要植被类型进行描述，然后逐节介绍调查方法。

3.1 我国多年冻土区主要植被类型

我国多年冻土分布区域广泛，主要植被类型也有所差异，其中以青藏高原高寒草地分布区和东北寒温性针叶林分布区最为典型。

3.1.1 青藏高原主要植被类型

1. 高寒灌丛

高寒灌丛以耐寒的中生灌木为建群种，主要分布在青藏高原的东南部，包括常绿革叶灌丛、常绿针叶灌丛和落叶阔叶灌丛三个主要亚类。

在青藏高原多年冻土区，常绿革叶灌丛非常发育，是灌丛的最主要代表，它们主要由种类繁多的高山杜鹃为建群种，包括理塘杜鹃（*Rhododendron litangense*）、密枝杜鹃（*Rh. fastigiatum*）、雪层杜鹃（*Rh. nivale*）、头花杜鹃（*Rh. capitatum*）、百里香杜鹃（*Rh. thymifolium*）、陇蜀杜鹃（*Rh. przewaskii*）、烈香杜鹃（*Rh. anthopogonoides*）等。这些群落分布地的环境寒冷而较湿润，通常占据阴坡和半阴坡，土壤主要为棕毡土，色黑而富含有机质。群落种类组成比较丰富，发育良好，生长密集，覆盖度在60%～80%；灌木层高度约30～70cm；草本层以中生草甸成分为主，并有一定的苔藓地被层发育。

常绿针叶灌丛在青藏高原多年冻土区也有分布，最主要的是香柏（*Sabina pingii*）灌丛。该灌丛主要见于川西和藏南地区高山，分布海拔约在3800～5000m之间。香柏群落外貌黄绿色，常呈团块-团垫状，生长较稀疏，覆盖度一般在50%左右；可分灌木、草本二层，草本层组成一般均系中生高山草甸成分。

高山落叶阔叶灌丛分布广、类型多，主要群落类型有窄叶鲜卑花（*Sibiraea angustata*）灌丛、金露梅（*Dasiphora fruticosa*）灌丛（图3.1）、毛枝山居柳（*Salix oritrepha*）灌丛、硬叶柳（*S. sclerophylla*）灌丛、高山绣线菊（*Spiraea alpina*）灌丛、鬼箭锦鸡儿（*Caragana jubata*）灌丛等。这类灌丛一般分布高度在 3800~5000m，主要占据阴坡，也见于阳坡；在不同山地，优势种的结构组合有所变化，或单独构成优势植物，形成灌丛植被类型。毛枝山居柳及鬼箭锦鸡儿灌丛多分布于高海拔地区的山地阴坡或半阴坡，金露梅植株高度相对矮小，亦可在滩地及山地缓坡形成优势群落。灌丛群落外观参差不齐、疏密不均匀，覆盖度差异较大。群落总盖度约在 40%~95%；一般分灌木、草本两层，灌木层高40~100cm 不等，草本层种类组成比较丰富，多系中生草甸成分。草本层常见植物有线叶嵩草（*Kobersia capillifolia*）、黑褐薹草（*Carex atrofusca*）、垂穗鹅冠草（*Roegneria nutans*）、珠芽蓼（*Polygonum viviparum*）、柔软紫菀（*Aster flaccidus*）等。

图 3.1　高寒灌丛景观（青海省曲麻莱县巴干乡）

2. 高寒草甸

高寒草甸以耐寒适寒的中生多年生草本植物为建群种。在川西、藏东、藏南、青海南部和祁连山东段高山带广泛发育；分布海拔东低西高，大致在 4000~5000m 间的山地、滩地和宽谷。群落类型较多，其中以各类嵩草属（*Kobresia* Willd.）植物为主，如高山嵩草（*K. pygmaea*）（图 3.2）、四川嵩草（*K. setchwanensisi*）、短轴嵩草（*K. prattii*）、矮生嵩草（*K. humilis*）、喜马拉雅嵩草（*K. royleana*）、线叶嵩草、西藏嵩草（*K. tibetica*）、藏北嵩草（*K. littledalei*）等，以高山嵩草草甸和矮生嵩草草甸占主导地位。一般，海拔较低处矮生嵩草草甸占优势，随着海拔升高，高山嵩草草甸逐渐占据优势。此外，还有圆穗蓼（*P. macrophyllum*）、淡黄香青（*Anaphalis flavescens*）、长叶火绒草（*Leontopodium longifolium*）等组成的高寒杂类草草甸。因人为活动影响可形成次生类型的垂穗披碱草（*Elymus nutans*）草甸。高寒草甸群落总盖度75%～90%，群落中伴生种类丰富，主要有北方嵩草（*K. bellardii*）、细叶嵩草（*K. filifolia*）、珠芽蓼、无脉薹草（*C. enervis*）、细果薹草（*C. stenocarpa*）、无味薹草（*C. vulpinaris*）、矮火绒草（*L. nanum*）、穗三毛（*Trisetum spicatum*）、发草（*Deschampsia caespitosa*）、兰石草（*Lancea tibetica*）、问荆（*Equisetum arvense*）、白花蒲公英（*Taraxacum leucanthum*）、瑞苓草（*Saussurea nigrescens*）、多种风毛菊（*Saussurea* spp.）、展苞灯芯草（*Juncus thomsonii*）、乳白香青（*Anaphalis lactea*）、苞芽粉报春（*Primula gemmifera*）、雪山报春（*P. nivalis*）、迭裂黄堇（*Corydalis dasyptera*）、小大黄（*Rheum pumilum*）、隐瓣山莓草（*Sibbaldia procumbens*）、多种虎耳草（*Saxifraga* spp.）和多种龙胆（*Gentiana* spp.）。总体而言，高寒草甸的特点是：群落生长密集，覆盖度一般均在80%以上；植株较低矮，无明显层次分化；群落外貌呈黄绿色，较单调，但杂草类草甸的夏季季相十分绚丽，种类组成较丰富。

图3.2　高寒草甸植被景观（西藏安多县扎仁镇）

3. 高寒沼泽草甸

高寒沼泽草甸是高寒草甸的一种特殊类型，该植被类型主要分布在地势低洼，地形起伏不大，地表及地下水丰富，土壤通透性差，排水不畅且经常有积水的平缓滩地、山间盆地和碟形洼地等生境中（图3.3）。高寒沼泽草甸下通常都有多年冻土分布，且埋深较浅。多年冻土起着隔水层的作用，有利于地表水分条件的保持。高寒沼泽草甸主要特点是低温过湿，具有较厚的泥炭层，土壤为草甸沼泽土，植物种类相对较少，且大多适应过湿的生境。在多年冻土区其建群种有西藏嵩草、甘肃嵩草（*K. kansuensis*）、喜马拉雅嵩草、无脉薹草、尖苞薹草（*C. microglochin*）、华扁穗草（*Blysmussinocom pressus*）等地下根茎十分发达的多年生草本植物，群落总盖度为 75%～95%。植物根茎密集交错，成片状分布，并常与其他湿地群落或高寒草甸形成复合镶嵌分布。群落常见的伴生植物有黑褐薹草、青藏薹草（*C. moocroftii*）、小早熟禾（*Poacalliopsis*）、花葶驴蹄草（*Caltha scaposa*）、云生毛茛（*Ranunculus nephelogenes*）、天山报春（*P. nutans*）、海乳草（*Glaux maritima*）、蓝白龙胆（*G. leucomelaena*）、斑唇马先蒿（*Pedicularis longiflora*）、柔软紫菀、褐毛垂头菊（*Cremanthodium brunneopilosum*）、海韭菜（*Triglochin maritinum*）、展苞灯芯草（*Juncus thomsonii*）、高山唐松草（*Thalictrum alpinum*）、星状风毛菊（*Saussurea stella*）和藏异燕麦（*Helictotrichon tibeticum*）等。

图 3.3　高寒沼泽草甸植被景观（青海杂多县阿多乡）

4. 高寒草原

高寒草原是指以能够耐受寒冷干旱生境的多年生丛生禾草为建群种的植物群落（周兴民，1999），是青藏高原多年冻土区分布面积最大的植被类型。在广袤的羌塘高原及其毗邻的东昆仑山和长江源地区呈现连续的大面积分布，此外在藏南高山、雅鲁藏布江河源区、阿里地区的高山、祁连山、阿尔金山和昆仑山也有分布，海拔大致在 4200～5400m。高寒草原植物群落的特点是地表干燥，草层低矮稀疏，层次结构简单，生物量较低，植被覆盖度小，一般仅 30%～50%（图 3.4）。与温带草原一样，高寒草原植被长势和生产力水平的高低与雨季来临早晚和降水的年变率之间存在着密切的关系，但群落的基本组成相对比较稳定。优势植物种主要有密丛型多年生禾草针茅属（*Stipa* L.）中的紫花针茅（*S. purpurea*）、座花针茅（*S. subsessiliflora*）、羽柱针茅（*S. basiplumosa*）及根茎型多年生薹草青藏薹草、小半灌木藏沙蒿（*Artemisia wellbyi*）、藏白蒿（*A. younghusbandii*）、垫型蒿（*A. minor*）。高寒草原群落常伴生有垫状植物，在有些地段甚至可形成独特的垫状植物层片，其伴生植物种主要有：粗壮嵩草（*K. robusta*）、波斯嵩草（*K. persica*）、异叶青兰（*Dracocephalum heterophyllum*）、二花棘豆（*Oxytropis biflora*）、密丛棘豆（*O. densa*）、雪灵芝（*Arenaria brevipetala*）、棉毛葶苈（*Draba winterbottomii*）、蚓果芥（*Neotorularia humilis*）、胀果棘豆（*O. stracheyana*）、垫状驼绒藜（*Ceratoides compacta*）、二裂委陵菜（*Potentilla bifurca*）、沙生风毛菊（*S. arenaria*）等。

图 3.4　高寒草原植被景观（青海曲麻莱县叶格乡）

5. 高寒荒漠

高寒荒漠主要分布于青藏高原西北部，海拔一般在5000m上下，由于深居大陆内地，毗邻亚洲中部干旱中心，因此气候极端大陆性，是高原上最冷最干旱的区域。与此相适应，演化形成了耐寒的超旱生的垫性小灌木为优势的植物群落，即高寒荒漠。其群落类型十分简单，主要为垫状驼绒藜群落（图3.5），部分区域分布有西藏亚菊（*Ajania tibetica*）群落。这类荒漠群落植物种类组成非常贫乏，常见伴生种多系针茅属、薹草属（*Carex* Linn.）、棘豆属（*Oxytropis* DC.）、风毛菊属（*Saussurea* DC.）和某些十字花科植物；它们的个体数量很少，生长非常稀疏、低矮，群落覆盖度小，一般不足10%。

图 3.5　高寒荒漠植被景观（西昆仑山区奇台达坂）

6. 高寒垫状植被

青藏高原是世界上垫状植被的主要分布地区之一，常见于高原中、南部高山带，海拔大致为 4300～5400m，一般呈现斑块状分布，其占据的具体地段往往与局部地形和基质的粗砾性有一定关系。这类植被的建群种具有结构特殊的垫状体，用以适应高山寒冷、干旱、多风及日温变幅剧烈等因子，并赋予群落以奇特而别致的外貌（图 3.6）。群落类型

图 3.6　高寒垫状植被景观（青海省曲麻莱县曲麻河乡）

比较简单,且分布稀疏,覆盖度20%～50%不等。主要有垫状点地梅(*Androsace tapete*)、苔状蚤缀(*Arenaria bryophylla*)、垫状蚤缀(*A. pulvinata*)、簇生柔籽草(*Thylacospermum ccespitosum*)等植物群系。伴生种以中生、旱中生草甸成分居多,在有些地段,旱生草原成分亦占有相当比例。

7. 高山流石坡稀疏植被

高山流石坡稀疏植被为青藏高原多年冻土区分布海拔最高的植被类型,主要分布于山体顶部的流石滩中间,并可随寒冻风化的流石滩呈舌状延伸到高寒草甸带内。群落着生的环境往往处在比较恶劣贫瘠的石隙之间,土壤少,地表的碎石较厚(图3.7)。群落组成以垫状植物、景天科、莎草科及菊科高山植物为常见,具有植株矮小,呈垫状、密被绒毛、节间缩短等形态特征。它们零星或者镶嵌分布,边界并不明显。常见的优势植物主要为囊种草(*T. caespitosum*)、水母雪莲(*S. medusa*)、垫状繁缕(*Stellaria decumbens*)、甘肃蚤缀(*A. kansuensis*)和四蕊山莓草(*S. tetrandra*)等。常见的伴生物种有:胎生早熟禾(*P. sinattenuata*)、喜山葶苈(*D. oreades*)、山地早熟禾(*P. orinosa*)、冰雪鸦跖花(*Oxygraphis glacialis*)、紫羊茅(*Festuca rubra*)、柔软紫菀、隐匿景天(*Sedum fischeri*)、山地虎耳草(*S. montana*)、单花翠雀(*Delphinium candelabrum*)、多刺绿绒蒿(*Meconopsis horridula*)、暗绿紫堇(*C. melanochlora*)、短管兔耳草(*L. brevituba*)和裸茎金腰(*Chrysosplenium nudicaule*)等。由于群落简单,物种稀少,盖度一般低于20%。

图3.7　高山流石坡稀疏植被景观(青海省曲麻莱县)

3.1.2　青藏高原植被分布特征

青藏高原植被分布包含水平分布和垂直分布。水平分布规律受制于以水分条件为主导的水热条件的结合，因而它既与纬度不完全符合，也与经度带（海陆位置）不相一致，而是呈现由东南向西北方向的地带性规律。在高原东南部，地势稍低（海拔 3000～4000m），气候温暖湿润，在河谷侧坡上发育着以森林为代表的山地垂直带植被，其基带在高原东侧到四川西北部、青海南部到青藏高原东部地区，地势稍高，海拔一般为 4000～4500m，是高原东南缘山地峡谷区向高原面过渡地带；夏季溯河谷而上的西南季风逐渐减弱，冬季干冷西风环流的影响逐渐加强，气候表现为寒冷半湿润，喜温湿的乔木已不能生长，取而代之的是高寒草甸植被。由高寒草甸分布区继续往北往西，就是长江源区和青藏高原的腹地，以及羌塘高原。这里地势高亢，平均海拔 4500～5000m，多年冻土分布广泛，各种冰缘地貌非常发育；夏季温湿的西南季风的影响已很微弱，而且仅能影响到它的南部，全年主要受西风环流控制，气候寒冷干旱，因此在这里分布着大面积的高寒草原和高寒荒漠草原植被。在海拔较低的藏南谷地，气候温凉而较干燥，在海拔 4400m 以下的河谷、谷坡和宽谷盆地，出现了温性草原和温性干旱落叶灌丛植被；海拔 4400m 以上为高寒草原和灌丛。在青藏高原的最西北部，即喀喇昆仑山与昆仑山之间的山原和湖盆区，平均海拔在 5000m 以上，已经基本不受西南季风的影响，全区处于西风环流的控制之下，气候极为寒冷干旱，有大面积的多年冻土分布，发育着干旱荒漠植被。但在西部的阿里地区，海拔稍低（4200～4500m），是夏季热低压的中心，气温相对较高，很干燥，发育着以山地温性荒漠或草原化荒漠为基带的植被垂直分布系列。

青藏高原的植被同时还具有显著的垂直分布地带性规律，高原东南部以森林植被为基带，随着海拔向西的逐渐升高，依次出现以高寒灌丛、高寒草甸、高寒草原为基带的垂直分布类型，以及以高寒荒漠（在阿里西部山地为温性的山地荒漠）为基带的垂直分布类型。垂直带谱结构繁简程度差异明显，高原内部带谱极度简化。森林区垂直带谱结构是：山地森林带、高寒灌丛草甸、高寒草甸、高寒草原、高寒垫状植被、高寒流石坡稀疏植被带和常年冰雪带；不同带谱的阴阳坡差异也非常明显，如亚高山针叶林带，阴坡主要是云冷杉林，但对应的阳坡则往往是高山栎林和圆柏林；在高山灌丛草甸带，阴坡分布有高寒灌丛，阳坡则主要是高寒草甸。当继续向西深入高原内部时，垂直带谱的结构明显简化，阴阳坡的差异也明显减小，直至完全没有差异。如羌塘北部高原，垂直带谱结构只有高寒草原带、高寒垫状与高山流石坡稀疏植被带、常年冰雪带，而且阴阳坡基本没有差别。另一特点是自东南向西北，同一植被垂直带的分布高度逐渐上升。如在横断山脉森林区，高寒草甸的上限海拔约为 4800m，到了高原中东部的那曲、玛多地区，其上限达到海拔 5000m；又如高寒草原带在藏南谷地的分布上限海拔为 4600～5000m，到了羌塘高原，其上限则上升到海拔 5100m。

综上所述，自东南向西北，青藏高原的地势逐渐升高，气候逐渐变冷变湿，多年冻土区的植被类型也相应发生着变化，依次分布着高寒灌丛、高寒草甸、高寒草原、高寒垫状与高山流石坡稀疏植被等。

3.1.3 东北寒温性针叶林

寒温性针叶林是指以适应寒冷干旱条件的冷杉属（*Abies* Mill.）、云杉属（*Picea* Dietr.）和落叶松属（*Larix* Mill.）为主的针叶树种组成的纯林或混交林，是寒温带的地带性植被（刘增力等，2002）（图3.8）。东北多年冻土区寒温性针叶林主要分布于大兴安岭北部，46°30′N～53°30′N，主要组成树种为兴安落叶松（*L. gmelini*），还混生有樟子松（*Pinus sylvestris*）、兴安白桦（*Betula platyphylla*）、红皮云杉（*P. koraiensis*）、鱼鳞云杉（*P. jezoensis*）、偃松（*P. pumila*）、华北落叶松（*L. principis- rupprechtii*）和油松（*P. tabulaeformis*）等。这些地区冬季严寒漫长，夏季温凉短促，降水少而地表蒸发量也比较小，由于淋溶作用强烈，营养成分相应缺乏。最冷月平均温度仅为–20～–10℃，月平均温度高于10℃的只有3～4个月。寒温性针叶林的群落种类组成和结构通常比较简单，乔木层高20～50m，林分郁闭度0.6～0.9，林下灌木和草木层不发达，而地被苔藓层却发育良好，厚度10cm左右，覆盖度高达70%甚至90%以上。严寒的气候条件，茂密的森林植被及多湿地沼泽的松散层，是东北寒温性针叶林地下冻土得以保存和发育的主要因素。

图3.8 寒温性针叶林植被景观（黑龙江漠河附近）

3.2 野外样地、样方调查程序

3.2.1 准备调查工具

样地和样方设置工具：刻度测绳、小块铸铁、样方框（5m×5m（灌木）、1m×1m（草原）、0.25m×0.25m（草甸））。

取样工具：剪刀、枝剪、手锯、铁锹、镐头、锤子、小铁铲、斧头、土钻（5cm）、根钻（7cm）、不同目的筛子、容重环刀、螺丝刀（用于从土钻抠土）。

测量工具：GPS、罗盘、卷尺、天平（量程2kg，精度0.01g）。

样品储藏：不同大小纸袋（信封）、塑料袋、土壤样品袋（10号封口袋）、植物样品袋（布袋）、烘箱、装根系网袋（0.3~0.4mm）、整理箱、储存箱。

记录工具：相机、按照调查内容设计好的野外调查表、野外记录本、铅笔、油性记号笔、橡皮、卷笔刀等。

植物鉴定工具书：《中国植物志》、《中国高等植物图鉴》、各地方植物志及自然保护区综合考察报告（植物鉴定可参考植物图志或者咨询当地专家）。

辅助工具：皮尺、标本夹（标本纸）、标签（包括标本标签和土壤样品标签）、记号笔。

3.2.2 样地设置

应选择具有广泛代表性、地带性的植被类型设置样地。要求生境条件、植物群落种类组成、群落结构、利用方式和利用强度等具有相对一致性；样地之间要具有异质性，每个样地能够控制的最大范围内，地貌、植被等条件要具有同质性，即地貌以及植被生长状况应相似。此外还要考虑野外考察交通的可达性。

多年冻土区综合调查工作中，植被调查样地选点要求尽量与物探、土壤剖面或钻孔等位置毗邻，以利于调查结果的综合对比分析。

多年冻土区植被调查样地的设置原则是：

（1）所选样地要具有该类型分布的典型环境和植被特征，植被系统发育完整，具有代表性。

（2）样地选择中应考虑主要植被类型中优势种、建群种在种类与数量上的变化趋势及规律。例如草甸退化、草原沙化监测样地设置应能反映出梯度变化趋势。

（3）对于山地垂直带上分布的不同植被类型，样地应设置在每一垂直分布带的中部，并且坡度、坡向和部位应相对一致。

（4）对隐域性植被分布的地段，样地设置应选在地段中环境条件相对均匀一致的地区。草原植被呈斑块状分布时，则应增加样地数量，减小样地面积。

（5）样地一般不设置在过渡带上。

（6）在样地调查范围的中心位置，埋设永久性地标，方便后续调查。

3.2.3　样方设置

样方是能够代表样地信息特征的基本采样单元，用于获取样地的基本信息。在多年冻土区通常采取样线结合样方的方法进行植被调查。为获得最接近真实的植被调查信息，在被调查的样地内，尽量选择放牧干扰少或未被利用的区域划定调查样线。

在每个样地选择100m×100m区域进行取样调查，在其对角线上设置一条100m的样线，在样线上设5个1m×1m草本样方，如图3.9所示。

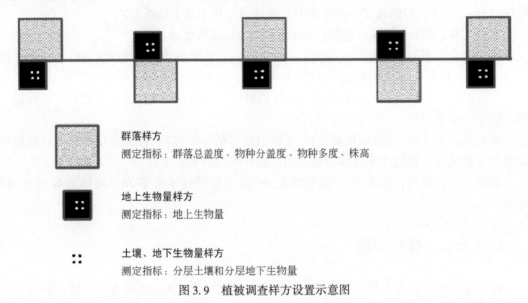

群落样方
测定指标：群落总盖度、物种分盖度、物种多度、株高

地上生物量样方
测定指标：地上生物量

土壤、地下生物量样方
测定指标：分层土壤和分层地下生物量

图3.9　植被调查样方设置示意图

3.3　样方调查

3.3.1　草本、半灌木及矮小灌木样方调查

在植被类型为高寒草原、高寒草甸或高寒荒漠的样地内，调查对象通常只有草本、半灌木及矮小灌木植物，且植株低矮、无明显层次分化。布设样方的面积一般为1m×1m，一个样地内，调查样方个数应不少于3个。若样地内植被分布较为稀疏或不均匀时，可适当增加调查样方个数，或增大样方面积。对于高度在80cm以上的草本植物如芨芨草，布设样方面积一般为2m×2m。

采用样线和样方相结合的方法进行调查取样，调查内容填入调查表中（附录2和附录

3）。具体调查记录内容与取样方法如下：

（1）样地编号。样地在调查工作中的顺序号。样地编号应简单、易识别，不能重复，每一个样地对应唯一的编号。

（2）样地定位。利用 GPS 确定样地的经纬度和海拔。

（3）样地描述。记录样地面积、坡度坡向、地形地貌、土壤类型、水分条件、利用方式及其样地周围环境特征。

（4）植被类型。根据植物的生长和分布情况确定样地所在区域的植被类型。例如，青藏高原多年冻土区常见的植被类型有：沼泽草甸、高寒草甸、高寒草原、高寒荒漠和高寒灌丛，以及一些过渡型的植物群落，如草原化草甸、荒漠化草原和荒漠化草甸等。也可以用优势植物种进行详细命名，如：藏嵩草+矮嵩草沼泽草甸，参与命名的优势植物种至少2~3 种。

（5）植物种类。对样方内所有植物种进行鉴别，按优势度依次填入调查表中。无法现场确定的植物种类，应采集相应标本，以便进行后期鉴定。标本采集时应尽量选取株形端正，株高适宜，根、茎、叶、花、果实、种子齐全的植株；有地下茎的科属，应特别注意采集植物的地下部分；草本植物应采集带根的全草，以确定一年生还是多年生；乔木、灌木或高大草本植物，可采集能代表该植物一般情况的部分枝叶；相同植物的标本要采集2~3 份，编号保持一致并及时挂上标签。标签编号与附录 4 标本采集信息表和附录 3 中的标本编号一致。

（6）植被盖度。植被盖度是指植物地上部分的垂直投影面积占样地面积的百分比。植被盖度测量主要采用目测法。目测法是指在设定了样方的基础上，根据经验目测估计样方内各植物种冠层的投影面积占样方面积的比例。调查中应对各样方植被总盖度和样方内各植物种分种盖度分别进行测量。

（7）植株高度。物种平均高度。每一物种随机选取 5 个株（丛）使用卷尺测量植物自然状态下最高点与地面的垂直高度，以 cm 表示。

（8）多度。多度是指某一植物种在群落中的数量。在多年冻土区，主要按照 Drude 的7 级多度等级制来估计单位面积上的个体数量：极多（Soc.，Sociales），植物地上部分郁闭；很多（Cop^3，Copiosae）；多（Cop^2）；尚多（Cop^1）；少，数量不多且分散（Sp.，Sparsae）；稀少，数量很少且稀疏（Sol.，Solitariae）；个别，样方内只有 1 或 2 株（Un.，Unicum）。

（9）植物群落生物量。植物群落生物量可分为地上生物量和地下生物量，其测定采用直接收获法。

根据植物群落特征，在调查样方内再随机选择一定数量的 0.25m×0.25m 或 0.5m×0.5m 大小的二级样方进行群落生物量测定。为了获得最接近真实的生物量，在被调查的样地内，尽量选择未利用的区域做测量样方。在多年冻土区植被调查中，由于地上植株往往特别矮小（如高山嵩草草甸的植株平均高度只有 1~5cm），常规方法难以准确采取地上生物量，可以利用美工刀紧贴地表来割取。生物量按物种分类，且进一步划分为功能群，以详细测定群落生物量组成。

在与地上生物量采集对应的样方内采集地下生物量，采用直径 7cm 根钻分层取出，每样方取4钻,分层混合,编号装入自封袋中,将编号记入附录3。取回样品用细水分样冲洗掉土壤,筛选出各层草根。将获取的植物生物量装到有标号的纸袋中,带回实验室于80℃烘干至恒重后称重,记为群落生产力。

(10)调查照片和地标信息的采集。拍摄样地周围地形地貌等环境特征照片,样地全景和样方俯视照片及必要植物种的特写照片,以供后期数据处理进行对照参考。植物标本图片质量的好坏对于物种的识别至关重要,拍摄过程中应该注意:拍摄对象形态完整,根、茎、叶、花、果实等要尽可能齐全,同时选择具有健康饱满的叶片、花瓣的植株;保持背景的干净,突出拍摄主体,可人工整理或去除样本植物以外的杂草或枝叶;植物的果实、绒毛、腺点、花蕊等在标本制作过程中容易丢失,需要对这些局部特征进行特写。

照片拍摄过程中,将GPS保持开机状态,调整相机时间与GPS时间保持一致,同时开启GPS的航迹记录功能,按一定的时间间隔或距离间隔记录调查路线的航迹点。可以由专门的航迹记录仪(如Holux M-241A、M-1200E等)来代替GPS,其优点是续航能力强、携带方便、存储空间和信息量更大。

3.3.2　灌木样方调查

调查样地内分布有大量灌木及高大草本植物(如芨芨草高度可达80cm以上),应适当增大样方面积和样方数量。在具有灌木及高大草本类植物的坡地多年冻土区(如青海省温泉地区),样方可沿坡纵向设置为正方形(5m×5m)或取半径为4~10m的圆形样方。如果样地内高大灌木分布极为稀疏,可以只对草本、半灌木及矮小灌木等进行调查取样。

在每个5m×5m的样方内,对全部灌木进行分种调查,调查内容填入附录5。调查内容主要包括两类。

1. 灌丛调查

灌丛物候期:每个物种判断大概的物候期如花前营养期、花蕾期、开花期、果期、果后营养期、枯死期。对于不能当场鉴定的植物需要采集标本并编号,以备标本鉴定后修改植物名称。

灌丛株(丛)数:在每一个样方内,数每一物种的株(丛)数目,并将所得到的数据填入记录附录5中。

灌丛盖度:盖度测量采用目测法。当不能准确估计时,可测量灌丛冠幅来计算其盖度。冠幅指灌木丛幅面积,在野外测定灌木丛幅两个垂直方向的直径 d_1 和 d_2 ,计算冠幅 M , $M = \pi[(d_1+d_2)/4]^2$ 。

灌丛高度:每一物种随机选取5个株(丛)使用卷尺测量植物自然状态下最高点与地面的垂直高度,以cm表示。将所得到的数据填入记录表(附录5)中。

地上生物量调查:多年冻土区灌木基本属于离散型灌木,灌木层地上生物量由收获法获得。在每个样方中,选取2m×2m代表性样方,将生物量进行收割,并将优势种分种、分部分称重(根、茎、叶),再带回实验室烘干称重。

地下生物量调查:由收获法获得。在上述地上生物量的收割样方(2m×2m)中,挖取同一样方范围内的所有根系，带回实验室烘干称重。

2. 灌丛下草本植物调查

在每个 5m×5m 样方的四角分别设置 1m×1m 的小样方进行调查，调查内容同 3.3.1 节。

3.3.3　乔木样地调查

乔木样地的调查内容主要包括：
(1) 林龄、郁闭度、林木密度、胸径、树高、冠幅和边材面积等。
(2) 地面灌木及草本调查：参见本章 3.3.1 节、3.3.2 节。

3.4　植被调查信息的后期处理

3.4.1　植物标本的鉴定和整理

准确鉴定所采集植物标本和相关植物图片，对于完善多年冻土区植被调查信息，描述调查区植物群落特征等至关重要。植物标本的鉴定可请教对调查地区植物分类具有丰富经验的专家老师，也可以参考相应的植物志和图鉴等进行鉴定。多年冻土区植物种鉴定常用的工具书有：《中国植物志》《青海植物志》《西藏植物志》《中国高等植物图鉴》和《中国寒区旱区常见荒漠植物图鉴》等。标本鉴定完成后，按照科、属、种的顺序整理成植物中文和拉丁文名录，以了解各冻土调查区域内植物种类的分布情况。

3.4.2　调查照片的地标化处理

在野外调查工作中，准确记录和保存地理坐标信息非常重要。给每一张野外调查照片配上精确的地理坐标信息，有利于调查数据的完善和后期分析处理。具体的做法是：通过数码相机拍摄需要标记坐标信息的调查地点或植物标本照片，同时用 GPS 等记录调查过程的行动轨迹 (3.3.1 (10))，将照片和航迹文件导入电脑后用专门的坐标处理软件（如 RoboGeo 等），将数码照片中记录的时刻与航迹文件中的坐标点的时刻进行比对计算拍照时刻所处的坐标，最后将坐标写入到照片的 Exif 信息中。经过地标化处理的照片可以长期保存，其中的坐标信息也可以随时方便和直观地提取利用。

第4章 多年冻土区土壤调查

土壤是大气、生物、陆地水共同作用于近地表土层（被称为母质，一般为2m以内）经物理、化学、生物和人为作用而形成的，覆盖于地球陆地表面，具有肥力特征的，能够生长绿色植物的疏松物质层。不同的气候、生物和地质条件下，地表土层的水热过程不同，发育的生物种类不同，形成的土壤也不同。因而，不同类型的土壤实际上指示着地表土层特定的水热状态。严寒的气候条件及多年冻土层的隔水作用，导致了多年冻土区独特的土壤形成过程，形成了多年冻土区独特的土壤类型，代表着特定生境条件下，水、土、气、生综合、长期的作用过程。因此，在进行多年冻土调查和研究时，了解调查区土壤的特征和分布状况，可为准确确定多年冻土特征提供参考依据，也可为区域多年冻土的物理过程模拟提供本底参数。

4.1 多年冻土区主要土壤类型

4.1.1 土壤分类系统

1. 国际土壤分类

目前国际上与多年冻土有关的土壤分类主要有：加拿大土壤分类系统、美国土壤分类系统（ST）、联合国世界土壤图图例单元（FAO/UNESCO）、世界土壤资源参比基础（WRB）和俄罗斯土壤分类等。

1978年出版的《加拿大土壤分类系统》（The Canadian System of Soil Classification）首次在顶级单元中确立了寒土纲（Cryosolic Soils），作为国际上第一个在土壤分类顶级单元中确立多年冻土土壤的分类系统，《加拿大土壤分类系统》关于寒土纲的定义为：形成和发育于矿质或有机物质之上，且具有以下任一特征的土壤：①土体距地表100cm深度以内出现多年冻土；或②200cm深处以内出现多年冻土，且活动层内土体受强烈冻融扰动作用的影响，出现断裂、混合和破碎等形态特征的土壤发生层，即冷生扰动层（Cryoturbated Horizon）。加拿大土壤分类系统根据土壤物质特性、土壤冻扰程度，把冷生土纲划分为3种土壤大类（great groups，二级分类单元），即：扰动寒土（Turbic Cryosols）、静态寒土（Static Cryosols）和有机寒土（Organic Cryosols）。1998年出版的该分类系统第3版着重对冷生土纲进行了修订，在扰动寒土和静态寒土两个大类下增设了若干亚类（三级单元），并对 3 个大类中所有亚类的定义与描述进行了修改与完善，使之在形式上尽量统一，在内容上尽可能明确亚类的诊断特性。

美国土壤系统分类研究工作始于 1951 年，1975 年正式出版《土壤系统分类》（Soil Survey Staff），2006 年出版了该书第 3 版。为便于检索土壤类型与及时补充完善该分类系统，一般每两年出版一次《土壤系统分类检索》（简称《检索》），到 2014 年已出版到第 12 版（Keys to Soil Taxonomy，2014）。目前在世界上至少已有 80 多个国家将美国土壤系统分类作为本国的第一或第二分类。1999 年出版的美国《土壤系统分类（第 2 版）》首次增加了寒冻土纲，定义概括为：土壤单元中含有寒冻土壤物质（Gelic materials）且下伏多年冻土的土壤，即为寒冻土。具体来说，寒冻土必须具有下列属性之一：①地表下 100cm 以内的土层中出现多年冻土；或②100cm 以内出现寒冻土壤物质，且 200cm 以内出现多年冻土。美国的寒冻土纲被划分了 3 个亚纲，分别为有机寒冻土（Histels）、正常寒冻土（Orthels）以及扰动寒冻土（Turbels）。

联合国粮农组织（FAO）和联合国教科文组织（UNESCO）为编制 1∶500 万世界土壤图，从 20 世纪 60 年代开始研究，于 1974 年出版了世界土壤图图例单元系统，经修订完善后于 1988 年正式出版了该图例单元系统修订本。联合国世界土壤图图例单元系统严格来说不属于分类系统，但它应用了土壤系统分类的成就，吸取了欧洲各国土壤分类的长处，应用于土壤制图中，起到了土壤分类的作用。但从 WRB 成立以后该"图例单元系统"已不再继续发展。世界土壤图图例单元系统中第一级土壤单元没有寒冻土，但在第二级土壤单元，设置了一些寒冻土类型，分别为寒冻始成土（Gelic Cambisols）、寒冻潜育土（Gelic Gleysols）、寒冻有机土（Gelic Histosols）、寒冻灰壤（Gelic Podzols）、寒冻疏松岩性土（Gelic Regosols）、寒冻火山灰土（Gelic Andosols）、寒冻黏磐土（Gelic Planosols）。

为建立一个国际性的土壤分类，国际土壤学会（ISSS）于 1980 年在保加利亚成立了国际土壤分类参比基础（IRB：International Reference Base for Soil Classification）。1990 年在日本东京召开的 14 届国际土壤学会上，IRB 以一个专题形式提出了自己的分类方案。1992 年在法国蒙比利埃召开的会议上，国际土壤学会（ISSS）、联合国粮农组织（FAO）和国际土壤参比与信息中心（ISRIC：International Soil Reference and Information Centre）在 IRB 基础上成立了世界土壤资源参比基础（WRB：World Reference Base for Soil Resources）。WRB 继承了 IRB 的工作，以诊断层和诊断特性为基础，以 FAO/UNESCO/ISRIC 修订的图例单元为起点，吸收世界各国土壤学家的最新研究成果，于 1994 年在墨西哥召开的 15 届国际土壤学会上公布了《世界土壤资源参比基础》草案（ISSS/ISRIC/FAO，1994），1998 年在法国蒙比利埃召开的 16 届国际土壤学会上推出了这一方案的正式版本（ISSS/ISRIC/FAO，1998）。该正式版本中新增了寒冻土（Cryosols）参比土类（一级单元），具体诊断指标为：地表之下 100cm 以内含有 1 个或 1 个以上多年冻土层（cryic horizon）的土壤，并划分出 19 个二级土壤单元，分别为扰动寒冻土（Turbic Cryosols）、冰渍寒冻土（Glacic Cryosols）、有机寒冻土（Histic Cryosols）、石质寒冻土（Lithic Cryosols）、薄层寒冻土（Leptic Cryosols）、盐积寒冻土（Salic Cryosols）、潜育寒冻土（Gleyic Cryosols）、火山灰寒冻土（Andic Cryosols）、碱化寒冻土（Natric Cryosols）、松软寒冻土（Mollic Cryosols）、石膏寒冻土（Gypsic Cryosols）、钙积寒冻土（Calcic Cryosols）、暗色寒冻土（Umbric Cryosols）、硫质寒冻土（Thionic Cryosols）、滞水寒冻土（Stagnic Cryosols）、干漠寒冻土（Yermic Cryosols）、干旱寒冻土（Aridic Cryosols）、融渍寒冻土（Oxyaquic Cryosols）、简育寒冻土（Haplic Cryosols）。

原苏联时代的土壤地理发生分类对世界土壤分类影响深远，但自从美国土壤系统分类问世以来，土壤地理发生分类受到影响并发生了一些变化。2000 年出版了基于诊断层与诊断特征的《俄罗斯土壤分类》，该分类代表了俄罗斯土壤分类的新进展，既体现了系统分类的诸多特点，又可看到原有发生分类的框架。俄罗斯土壤分类系统中没有独立的冷生土（或寒冻土）土纲（一级单元），但有独立的寒性（Cryozems）土门（二级单元）。

2. 中国土壤分类

中国近代土壤分类始于 20 世纪 30 年代，经历了马伯特土壤分类、土壤地理发生分类和土壤系统分类三个时期。

中国的土壤地理发生分类是在 50 年代引入苏联土壤地理发生分类的基础上发展起来。土壤地理发生分类是以地理发生为基础、以成土条件为依据、以土类为基本单元的分类系统。土壤地理发生分类对中国土壤科学的发展和土壤资源的开发利用起到了重要作用，但在实践中也存在一些不足之处。

土壤系统分类研究工作始于 1984 年，1995 年出版了《中国土壤系统分类（修订方案)》（下称《修订方案》）。2001 年出版了《中国土壤系统分类检索（第三版)》，该书是在《修订方案》的基础上，经过 5 年的实践和再研究提出的，是《修订方案》的继续。中国土壤系统分类是以诊断层和诊断特征为基础的土壤分类系统。

在土壤系统分类的理论与方法引入国内之前，多年冻土土壤在中国过去各个时期的发生分类系统中均未能作为独立的分类单元出现。在土壤系统分类引入中国两年后，即 1987 年，出版了《中国土壤系统分类（二稿)》（以下简称《二稿》），在此分类方案中设立了独立的寒冻土纲，这在中国土壤分类历史上尚属首次。同时，寒冻土纲在中国土壤分类系统中的出现比美国土壤系统分类和 WRB 分类系统中冻土纲的正式设立早 10 年以上。由于缺乏明确的土壤诊断特性尤其是形态学诊断特征，《二稿》中的多年冻土土壤分类在实际应用上存在很大困难，在 1991 年出版的《中国土壤系统分类（首次方案)》和 1995 年出版的《中国土壤系统分类（修订方案)》中，没有继续作为独立的土纲出现。然而，《中国土壤系统分类（首次方案)》确立了两个与多年冻土直接相关的土壤诊断特性，即多年冻土层和冻融特征，用于在第二和第三级单元中划分某些土纲下的寒冻或多年冻结亚纲和土类。中国作为世界上多年冻土分布面积最大的国家之一，在中国土壤系统框架内恢复和重构寒冻土分类是我国冻土研究必须优先解决的问题。

4.1.2　我国多年冻土区的土壤地理发生分类类型

我国多年冻土主要分布于青藏高原和东北地区。根据土壤地理发生分类，并参照《中国土壤分类系统》（1992），我国多年冻土区土壤类型（土类）主要有：高山寒漠土、高山漠土、高山草甸土、高山草原土、沼泽土、灰化土、粗骨土、石质土、火山灰土等类型，其主要特征如下：

高山寒漠土：高山寒漠土也称高山寒冻土，在我国广泛分布于青藏高原及周边几条著名山脉的上部。高山寒漠土发育弱，土层薄，土层厚度 10～30cm，剖面分化不明显，质地较黏的表层可出现融冻结壳。腐殖质层发育弱，常见粗有机质碎屑与角砾岩相混，颜色取决于母质及粗有机质的数量与分解程度，底部常为多年冻土，土被不连续，土体多见淋溶表层（A）–母质层（C）或（淋溶表层）（A）–弱淋溶母质表层（AC）–母质层（C）等发生层次。

高山漠土：高山漠土又称高山荒漠土，主要分布于我国青藏高原西北部的高寒荒漠地带。高山漠土发育于高海拔的低温、干旱、多风环境中，土层经历了冰冻控制下的原始荒漠化成土过程，形成至少含有 3～4 个发生层的剖面。土壤基本上没有明显的腐殖质层，土层薄，石砾多，细土少，有机质含量很低，土质疏松，缺少水分，碳酸钙表聚、石膏和盐分聚积多，土壤发育程度差。

高山草甸土：高山草甸土是青藏高原主要土壤类型，土层薄，土壤冻结期长，通气不良，土壤呈中性反应。有明显的腐殖质积聚，腐殖质层厚 8～20cm，呈灰棕至黑褐色粒状-扁核状结构。有机质含量 10%～20%，以富啡酸为主，胡敏酸/富啡酸（H/F）值为 0.6～1.0。土壤复合胶体属高有机质低复合度型，以松结合态腐殖质为主。腐殖质层向下颜色迅速变淡。在亚高山带，土壤层次间过渡迅速而明显；而在高山带则不甚明显，且在淋溶表层或淀积层（AB）出现一个暗色层。剖面中水溶性盐类和碳酸钙已淋失，仅部分高山草甸土剖面的中、下部有碳酸钙积聚。土层厚度 40～50cm，有明显的融冻微形态特征，底层一般有多年冻土。根据地表植被类型差异，一般可分为高山草甸土、高山草原草甸土、高山灌丛草甸土、高山湿草甸土四个亚类。

高山草原土：高山草原土是森林郁闭线以上和无林山原高山带较干旱区域发育的土壤，广泛分布于唐古拉山以北、昆仑山以南的广大地区及高平原区，柴达木盆地东南高山区与北部高山带，藏南部分高山地区等。高山草原土具有腐殖质积累作用和钙积作用，但不及草原土壤明显，融冻作用则较强。腐殖质层厚度仅 3～15cm，颜色稍淡，常带黄色或灰色，弱粒状结构，有机质含量 0.8%～3.0%，以富啡酸占优势，胡敏酸的绝对含量和相对含量均较低，胡敏酸/富啡酸（H/F）值为 0.4 左右；土壤复合胶体属低复合度型，以稳结态腐殖质为主。一般分布有深季节冻土或多年冻土，分布范围广，水热条件及植物生长情况差异明显，腐殖质积累及淋溶强度有所差异，据此可分成高山草原土、高山草甸草原土及高山荒漠草原土三个亚类。

沼泽土：沼泽土主要分布在低洼地区，具有季节性或长年的停滞性积水，地下水位都在1m以上，沼生植物发育，有机质厌氧分解导致明显的潜育化过程。沼泽土通常在高海拔的多年冻土区大面积集中连片分布，泥炭积累层深厚，而低海拔的低缓河谷仅有零星分布，且由于海拔降低，热量状况逐渐优越，泥炭层的厚度变薄，最终消失或为腐殖质层代替。依据泥炭积累的过程及潜育化过程的强弱，沼泽土分成草甸沼泽土、沼泽土、泥炭沼泽土、腐泥沼泽土和盐化沼泽土五个亚类。

灰化土：我国多年冻土区灰化土主要分布在大兴安岭北部。其形成气候条件为寒冷湿润，植被类型以落叶松林为主。由于生物积累强烈，灰化土有机质层（O）较厚，有机物分解产生的有机酸与腐殖酸将土壤剖面上的淋溶表层（A1）和下部强淋溶层（E）中的矿物质分解成各种氧化物，使得部分氧化物及大部分交换性阳离子从这些土层中淋失，并在B层淀积。

粗骨土：粗骨土成土作用弱，剖面无明显分异，粗骨性极强，富含砾石，多为原母质，土体浅薄，呈淋溶表层-母质层（A-C）构型。粗骨土是在山地陡坡上发育的一类幼年性土壤，位于高山寒漠土之下，与石质土交错分布。粗骨土成土母质是各种基岩的碎屑状风化物，以残积物或残坡积物为主。

石质土：石质土是指不同海拔上石质山地，在无植被覆盖或仅生长稀疏植被而处于原始发育阶段的一种薄层山地土壤。我国多年冻土区石质土呈零碎斑块状，但分布广泛，主要分布于昆仑、喀喇昆仑山区山脊顶部，山地陡坡和残丘、台地等地形高凸部位。石质土剖面为A-R型，在初步发育的腐殖质层（A）之下，直接过渡为母岩（R），土体总厚度10cm左右。

冲积土：又称新积土，是由新近堆积或露出水面的沙性母质上发育而成的隐域性幼年土壤。多分布在河流两侧、河漫滩、低阶地、湖泊周缘及冲洪积扇下部。冲积土尚处于母质状态，剖面无发育特征，土体构型为A-C型或AC-C型。

火山灰土：火山灰土是指发育在火山喷发物质（火山灰、浮石、火山渣和熔岩）和火山碎屑物质上的土壤。我国多年冻土区火山灰土主要分布于昆仑山和喀喇昆仑山死火山口附近。

4.1.3　我国多年冻土区的土壤系统分类类型

根据《中国土壤系统分类（修订方案）》与《中国土壤系统分类检索（第三版）》，我国多年冻土区主要土纲有：干旱土、雏形土、均腐土、有机土、潜育土、盐成土、火山灰土、灰土和新成土等，其诊断依据及特征概述于下。

1. 干旱土

干旱土是发生在干旱水分条件下、具有干旱表层和任一诊断表下层的土壤。干旱土分类依据为土壤同时具有以下两个条件：

（1）干旱表层。

（2）上界在矿质土表至100cm范围内存在下列一个或一个以上诊断层：盐积层、超盐积层、盐磐、石膏层、超石膏层、钙积层、超钙积层、钙磐、黏化层或雏形层。

干旱表层是干旱土的诊断层，包括孔泡结皮层和片状层。孔泡结皮层是干旱表层的上部亚层，含有不同数量的气泡状孔隙，孔泡结皮层是干旱表层最主要、最突出的形态特征，片状层是干旱表层的下部亚层，亦含少量气泡状孔隙，但呈片状或鳞片状结构。干旱土在我国分布较广，总面积约占国土面积的 21.10%，主要分布在西北和青藏高原的干旱地区。

干旱土剖面形态特征见图 4.1。

2. 雏形土

雏形土是发育程度较弱的未成熟土壤。雏形土分类依据为土壤具有以下条件之一：

（1）雏形层。

（2）矿质土表至 100cm 范围内有如下任一土层：漂白层、钙积层、超钙积层、钙磐、石膏层或超石膏层。

（3）矿质土表下 20~50cm 间至少一个土层（厚度≥10cm）的 n 值<0.7，或细土部分黏粒含量<80g/kg；并有有机表层、或暗沃表层、或暗瘠表层。

（4）多年冻土层和 10 年中有 6 年或更多年份一年中至少一个月在矿质土表至 50cm 范围内有滞水状况。

雏形土诊断层为雏形层。雏形层是指风化成土过程中形成的无或基本上无物质淀积，未发生明显黏化，带棕、红棕、红、黄或紫色，且有土壤结构发育的 B 层。

雏形土是形成于各种气候、地形、母质和植被条件下的弱发育土壤，因此分布十分广泛。从我国东北的温带到华南的热带、亚热带，从西部的干旱、半干旱地区到东部沿海的湿润区，从低海拔的盆地到高海拔的山地或高原，均有雏形土分布。

雏形土剖面形态特征见图 4.2。

图 4.1　干旱土

图 4.2　雏形土

3. 均腐土

均腐土是指具有暗沃表层和均腐殖质特性的土壤。均腐土分类依据为土壤同时具有以下三个条件：

（1）暗沃表层。

（2）均腐殖质特性。

（3）在下列任一最浅深度范围内盐基饱和度≥50%：

①黏化层上界至125cm范围内；或

②在矿质土表至180cm范围内；或

③在矿质土表至石质或石质接触面。

均腐土主要诊断层和诊断特性是暗沃表层、均腐殖质特性及盐基饱和度。均腐土主要形成于温带、暖温带半干旱区草原，或半湿润或湿润区草原化草甸植被下，形成过程中腐殖质累积和石灰淋溶淀积作用明显，并常伴有黏化作用或氧化还原作用。我国均腐土主要分布在黑龙江、吉林、辽宁、内蒙古、山西、陕西、宁夏、甘肃、青海、西藏等省（自治区），在亚热带地区和热带南海诸岛也有小面积分布。

均腐土剖面形态特征见图4.3。

4. 有机土

有机土是以富含有机质为特征的一个土纲。有机土分类依据为土壤同时具有以下两个条件：

（1）土表至60cm或至浅于60cm的石质或准石质接触面之间，有60%或更厚的土层中无火山灰特性。

（2）有符合下列特征的有机土壤物质：

①覆于火山渣、碎屑或浮石物质之上，或填充其间隙中，并有石质或准石质接触面直接位于这些物质之下；或

②土表至50cm范围内与火山渣、碎屑或浮石物质相加的总厚度≥40cm；或

③至石质、准石质接触面范围内有机土壤物质占总土层厚度的2/3或更厚；若有矿质土层，其总厚度≤10cm；或

④大多数年份每年6个月或更多时间被水分饱和（人为排水除外），而且其上界位于土表至40cm范围内，总厚度如下：a. 若苔藓纤维占体积的3/4或更多，或容重<0.1Mg/m^3，为≥60cm；或 b. 若有机土壤物质由高腐或半腐物质组成；或由纤维物质组成，其中苔藓纤维（按体积计）<3/4或容重为0.1~0.4Mg/m^3，则为≥40cm。

有机土壤物质是有机土土纲的唯一诊断特性。有机土形成的实质是有机物质生成超过其分解作用，形成有机土壤物质。我国有机土虽然面积很小，但分布极为广泛，主要分布于寒温带、温带，集中分布于青藏高原东部和北部边缘和东北地区的山地与平原。

有机土剖面形态特征见图4.4。

图 4.3　均腐土

图 4.4　有机土

5. 潜育土

潜育土是在地下水或地表水影响下形成的。潜育土分类依据为：土壤中在矿质土表至 50cm 范围内至少有一土层（厚度≥10cm）呈现潜育特征。

潜育土的诊断特性为潜育特征。潜育特征是土壤长期水分饱和并发生强烈还原所形成的特征。潜育土的形成总是和低洼的地形和过量的水分相联系，同时具有有机质积累过程。我国潜育土以东北地区的大小兴安岭和长白山山间谷地及三江和松辽平原的河漫滩及湖滨低洼地区为最多，其次是青藏高原及天山南北麓积水处，在华北平原、长江中下游及东南滨海地区也有分布。

潜育土剖面形态特征见图 4.5。

6. 盐成土

盐成土是在各种自然环境因素（包括气候、地形、水文和地质等）和人为活动因素综合作用下，盐类直接参与土壤形成过程，并以盐渍化（或盐碱化）过程为主导作用而形成的。盐成土分类依据为土壤具有以下条件之一：

（1）上界在矿质土表至 30cm 范围内的盐积层。

（2）上界在矿质土表至 75cm 范围内的碱积层。

盐成土的诊断层为盐积层和碱积层。盐积层为在冷水中溶解度大于石膏的易溶性盐类富集的土层。碱积层为一交换性钠含量高的特殊淀积黏化层。

我国盐成土分布的范围大致为沿淮河—秦岭—巴颜喀拉山—念青唐古拉山—冈底斯山一线以北的干旱、半干旱、荒漠地带，以及东部和南部沿海低平原，还有海岛沿岸也有零星分布。

盐成土剖面形态特征见图4.6。

图4.5　潜育土　　　　　　　　　　　　　　　图4.6　盐成土

7. 火山灰土

火山灰土是指发育在火山喷发物质（火山灰、浮石、火山渣和熔岩）和火山碎屑物质上的土壤。火山灰土分类依据为土壤中占下列60%或更厚的土层中有火山灰特性：

（1）若无石质或准石质接触面时，则在矿质土表至60cm或具火山灰特性的有机层次顶部至60cm，两者取其较浅薄者。

（2）若有石质或准石质接触面时，则在矿质土表或具火山灰特性的有机层次顶部至浅于60cm的石质或准石质接触面之间，两者取其较浅薄者。

火山灰特性是鉴别火山灰土的唯一标准，即土壤中火山灰、火山渣或其他火山碎屑物占全土重量的60%或更高，矿物组成中以水铝英石、伊毛缟石、水硅铁石等短序矿物占优势，伴有铝-腐殖质络合物的特性。火山灰土包括弱风化含有大量火山玻璃质的土壤和较强风化的富含短序黏土矿物的土壤。火山灰土在我国分布面积很小，仅占国土面积的0.02%，集中分布于黑龙江省的五大连池、吉林的长白山、辽宁的宽甸盆地、云南省腾冲、青藏高原及台湾北部。

火山灰土剖面形态特征见图4.7。

8. 灰土

灰土是指具有由螯合淋溶作用形成的灰化淀积层的土壤。灰土分类依据为土壤中无人为表层和在灰化淀积层之上的黏化层，灰土的分类依据是同时具有以下特征：

（1）上界在矿质土表至 100cm 范围内的灰化淀积层。

（2）在矿质土表，或具火山灰特性的有机层次顶部至 60cm 范围内或至浅于 60cm 的石质或准石质接触面之间，占有 60% 或更厚的土层中无火山灰特性。

灰土的诊断层为灰化淀积层，其中有腐殖质和铁铝的淀积。灰土形成的气候特点为寒冷湿润，植被主要为苔藓–杜鹃–冷杉林（青藏高原南缘、东南缘），或杜香–落叶松林（长白山北坡）和杜香、杜鹃–落叶松林（大兴安岭北部）。我国灰土分布面积很小，主要分布于大兴安岭北端、长白山北坡及青藏高原南缘的山地垂直带中，台湾也有部分分布。

灰土剖面形态特征见图 4.8。

图 4.7　火山灰土　　　　　　　　　图 4.8　灰土

9. 新成土

新成土是具有弱度或没有土层分化的土壤，一般有一个淡薄表层或人为扰动层次以及不同的岩性特征。新成土的年轻性是它的成土作用的主要特点，除表层有淡薄表层外，土壤性状在很大程度上取决于母质特性，一般为 A–C 剖面，但不同亚纲内的土壤有不同的剖面形态。

新成土分布极为广泛。全国各地的大小河流的冲积物上，特别是大江大河的冲积平原和河口三角洲是冲积新成土集中分布地区；在干旱地区的风沙物质所在地是大面积砂质新成土集中分布区；在各山丘区由基岩风化物发育的土壤上，也有各种新成土的分布。在人为活动强烈的地区，经人为扰动堆积或引洪放淤土体增厚，可形成人为新成土。

新成土剖面形态特征见图4.9。

图4.9　新成土

4.1.4　世界主要土壤分类系统比较

由于目前世界上主要的土壤分类系统分类标准不同，因此相互之间参比比较困难。寒冻土在上述各个分类系统中的地位（或级别）差异较大（表4.1）。

表 4.1 世界主要土壤分类系统寒冻土主要类型

分类系统	一级单元	二级单元
中国土壤系统分类	—	永冻有机土（Permagelic Histosols） 寒性火山灰土（Cryic Andosols） 寒性干旱土（Cryic Aridosols） 永冻潜育土（Permagelic Gleyosols） 寒冻雏形土（Gelic Cambosols）
美国土壤系统分类	寒冻土（Gelisols）	有机寒冻土（Histels Gelisols） 扰动寒冻土（Turbels Gelisols） 正常寒冻土（Orthels Gelisols）
加拿大土壤分类系统	寒土（Cryosolic Soils）	有机寒土（Organic Cryosols） 扰动寒土（Turbic Cryosols） 静态寒土（Static Cryosols）
世界土壤资源参比基础	寒冻土（Cryosols）	扰动寒冻土（Turbic Cryosols） 冰渍寒冻土（Glacic Cryosols） 有机寒冻土（Histic Cryosols） 石质寒冻土（Lithic Cryosols） 薄层寒冻土（Leptic Cryosols） 盐积寒冻土（Salic Cryosols） 潜育寒冻土（Gleyic Cryosols） 火山灰寒冻土（Andic Cryosols） 碱化寒冻土（Natric Cryosols） 松软寒冻土（Mollic Cryosols） 石膏寒冻土（Gypsic Cryosols） 钙积寒冻土（Calcic Cryosols） 暗色寒冻土（Umbric Cryosols） 硫质寒冻土（Thionic Cryosols） 滞水寒冻土（Stagnic Cryosols） 干漠寒冻土（Yermic Cryosols） 干旱寒冻土（Aridic Cryosols） 融渍寒冻土（Oxyaquic Cryosols） 简育寒冻土（Haplic Cryosols）
世界土壤图图例 单元系统	—	寒冻始成土（Gelic Cambisols） 寒冻潜育土（Gelic Gleysols） 寒冻有机土（Gelic Histosols） 寒冻灰壤（Gelic Podzols） 寒冻疏松岩性土（Gelic Regosols） 寒冻火山灰土（Gelic Andosols） 寒冻黏磐土（Gelic Planosols）
俄罗斯土壤分类系统	—	寒性土（Cryozems）

美国与加拿大两国都是冻土大国，寒冻土在其土壤分类中占有重要的地位。从表 4.1 可看出，在美国与加拿大最新土壤分类系统中，寒冻土（或寒土）均以独立的一级单元

（土纲）出现，而且二级单元（亚纲）均划分为三种类型：扰动寒冻土（或寒土）、正常寒冻土（或静态寒土）及有机寒冻土（或寒土）。我国寒冻土分布面积广，但由于我国土壤系统分类的研究与实践历史还较短，且冻土地区土壤基础资料积累较少，尤其是面积广大的青藏高原多年冻土区土壤基础资料更是缺乏，我国目前分类系统中没有独立的一级单元（土纲）。因此，有必要通过系统的大面积的多年冻土调查与研究，积累基础土壤资料，同时系统收集、吸收当今国际上各国的实践成果，结合我国冻土实际情况，尽早完成一套完整的适合我国情的，并且与国际先进水平相衔接的寒冻土的系统分类。

4.2　调查区域及前期准备

4.2.1　调查区域

调查区域根据冻土调查的目的来确定。实际工作中选择具有代表性的区域和样点来进行工作。调查区域选择的原则是以典型区域、典型样点来反映所需了解区域的土壤情况。典型区域一般需考虑特定研究区域的边界、中心、海拔、气候和植被等信息。理想的典型剖面应该覆盖重要的环境梯度信息。但实际上由于对所在区域的信息了解不够等因素，可以按照东西、南北方向设置剖面，并在具体工作中适当加以调节。

特别需要注意的是，在剖面设置中还需要考虑实际工作的可行性。可以根据以往地质调查信息和工作资料，选择具有可操作性的剖面路线，并准备好相应的补给物资再进行工作。

4.2.2　调查前期准备

当确定对特定区域冻土进行调查后，在野外工作开始之前，需做好充分的准备工作。准备工作主要涉及图件资料和采样工具。图件资料的准备一般指现有的土壤分布图、地形图、地质图、植被分布图和卫星地图等。按采样工作的流程，采样工具可以具体分为挖掘工具、采样工具、现场信息收集工具、野外分析工具和运输保存工具等。

（1）挖掘工具：包括长柄铁锹、短柄铁锹、镐头、钢钎、土钻或挖掘机等。

（2）采样工具：包括铲刀、环刀、小刀、钢锯、毛刷、铝盒、胶带纸等。

（3）现场信息收集工具：包括罗盘仪、GPS、数码相机、钢卷尺、软尺、土壤比色卡、盐酸、土壤温度计、记号笔、记录表等。

（4）野外分析工具：包括天平、2mm 的土壤筛、烘箱、记录本等。

（5）运输保存工具：包括布袋、自封袋、蛇皮袋、标签纸。对于一般的理化分析样，可以用采样布袋保存，自然风干后即可在较长时间内保存、运输。

4.3　土壤剖面调查

4.3.1　调查样点选取

取样调查前，调查土壤发生发育情况与自然因素或人类活动之间的关系，然后依照调查地区面积大小和海拔、地形、地质、植被的复杂程度，预先确定一至几条调查路线。每条调查路线应根据自己的研究目的，通过对不同的地形、地貌、植被和土壤类型分布区等综合考虑，选取有代表性的样地。

（1）土壤调查样点布设方法主要有随机布点法、分区随机布点法、系统（网格）布点法和非系统布点法等。

（2）土壤调查样点的设置应具有广泛的代表性，原则上应使每个土壤类型至少有一个样点。在地形、水文、植被、母质有变异的地段，应按中等地形或微地形的不同部位分别设置样点。如在山区应按海拔、坡向、坡度、坡形、植被类型等分别设置样点；在盐渍化和沼泽化地区，应按中等地形不同部位分别设置样点。

（3）布设土壤调查样点时，还应避开公路、铁路、取弃土场、工程设施等受人为干扰活动影响较大的特殊地段，以确保土壤调查样点能代表较大区域的土壤类型及其性状。

（4）选好的土壤调查样点应编号并标记在地形图上。

4.3.2　土壤剖面描述

1. 土壤剖面挖掘

开挖剖面朝向一般与坡向大体一致，有时考虑到剖面拍照时光线的影响，剖面朝向与坡向可呈一定角度。挖掘时应注意尽可能上下垂直。挖出的土方可暂时堆放在土坑两侧，剖面一侧不能堆土。堆土时尽可能做到分层堆放，便于后续的分层回填，减轻人为扰动影响。挖掘时还应注意，剖面顶部不能踩踏，防止破坏表土层。

2. 土壤剖面清理

剖面清理的主要目的是为了使剖面更加平整、干净、新鲜（图 4.10）；防止不同土层的物质混杂黏附在剖面上；保证土壤水分没有过多蒸发，剖面颜色基本没有发生变化，以便于后续的剖面拍照、观察描述以及样品采集。

3. 剖面编号

剖面编号可结合调查地区名称、日期等进行编排，可视具体情况来确定。

图 4.10　剖面清理示例

4. 剖面基本信息记录

需记录的剖面基本信息应包括以下几个方面：

（1）采样的时间、区域、地点、海拔、经纬度、样点地貌部位、采样者姓名等。

（2）采样点植被概况：主要包括植被类型、组成、覆盖度、生长态势等（见 3.3 节）。

（3）采样点地表砾石覆盖度：地表砾石的垂直投影面积与样方面积之比的百分数，在土壤调查时可通过目测粗略估算。砾石的划分标准可采用国际制，即 2～20mm 为砾石。

（4）地形地貌类型描述：地形主要包括山地、高原、丘陵、平原、盆地。地貌主要描述样点所处的地貌单元及样点在该地貌单元的部位。此外，在描述样点所在地貌单元时还应描述微地貌特征。

（5）坡形：指的是坡面的形状特点，如平直、微凹、微凸等。

（6）坡向和坡度：野外坡向和坡度可用地质罗盘测定。

（7）排水状况：是指地表是否容易积水或排水，可参照美国《Field Book for

Describing and Sampling Soils（Version 2.0）》排水等级来表示，分为很差（VP）、差（P）、较差（SP）、较好（MW）、好（W）、很好（SE）、非常好（E）七个等级。

（8）侵蚀状况：是指土壤受流水、风力侵蚀程度，可参照美国《Field Book for Describing and Sampling Soils（Version 2.0）》侵蚀程度来表示，以土壤 A 或 E 层被侵蚀的百分比表示（若 A 或 E 层厚度小于 20cm，则以地表 20cm 厚度的土层被侵蚀的百分比表示），分为五个等级，无侵蚀（0%）、1 级（0 ~ 25%）、2 级（25% ~ 75%）、3 级（75% ~ 100%）、4 级（大于 75% 并且整个 A 层被侵蚀掉）。

（9）地表及探坑状况拍照。

5. 土壤温度测量

在剖面挖掘完成后，首先对土壤温度进行测量与记录。一般从 10cm 处开始，每隔 10cm 进行测定，待温度计读数稳定后记录。温度梯度变化可以对冻土上限深度的勘探起到指示作用。

6. 土壤发生层划分

根据土壤颜色、质地、结构、植物根系、锈斑、裂隙、新生体、冻融扰动、砾石下钙膜及样点所处的周围地理环境状况等对土壤发生层进行划分。多年冻土地区土壤主要土层有：枯枝落叶层（O）、腐殖质土层（A）、淀积土层（B）、母质层（C）、基岩层（R）等。根据发生层剖面特征，有些发生层还可再划分出次一级层次，如 A_1、A_2、B_g、B_w、C_k、C_f 等。当遇有上下两层综合特征的层次时，可用过渡层的符号表示，如 AB、BC、AC 等。土壤发生层具体划分方法可参考美国《Field Book for Describing and Sampling Soils（Version 2.0）》。根据划分的土壤层次量出各层的厚度，并标明层位符号。土壤发生层划分完毕后，即可根据以下几个方面逐层描述其特征，并填写完成记录表。

7. 土壤发生层特征描述

土壤发生层特征描述主要包括层位边界线清晰度、层位边界线形状、颜色、质地、可持性、根系、砾石含量、新生体、动物痕迹、盐酸反应等方面内容。

（1）层位边界线清晰度和形状：可参考美国《Field Book for Describing and Sampling Soils（Version 2.0）》（USDA-NRCS，2002），具体描述见表 4.2。

表 4.2　层位边界线清晰度和形状类型及其判定标准（USDA-NRCS，2002）

清晰度	判定标准（边界过渡层厚度）	形状	判定标准
极突变（V）	<0.5cm	平滑（S）	少或没有不规则的水平面
突变（A）	0.5 ~ 2cm	波状（W）	波形宽>高
清晰（C）	2 ~ 5cm	不规则（I）	波形深>宽
渐变（G）	5 ~ 15cm	破碎（B）	不连续层界，分开但交错在一起或不规则带状
扩散（D）	>15cm		

（2）颜色：土壤颜色是土壤物质成分和内在性质的外部反映，是土壤发生层次外表形态特征最显著的标志。土壤颜色的命名以美国标准土壤比色卡来命名。命名系统是用颜色的三属性即色调（hue）、亮度（value）、彩度（chroma）来表示的。

色调主要包括红（R）、黄（Y）、绿（G）、蓝（B）、紫（P）五个主色调，还有黄红（YR）、绿黄（GY）、蓝绿（BG）、紫蓝（PB）、红紫（RP）等五个半色调或补充色调，每一个半色调又进一步划分为四个等级，如2.5YR、5YR、7.5YR、10YR；亮度以无色彩N为基准，把绝对黑色作为0，绝对白色作为10，灰色在0到10之间，颜色由0~10逐渐变亮；彩度（饱和度）是一般所谓的浓淡度，或纯的单色光补白光"冲稀"的程度，彩度越高，颜色越浓，彩度等级分为0~8，由淡到浓。土壤颜色的完整命名方法是：色调-亮度-彩度，如7YR5/6（淡棕）表示色调7YR，亮度5，彩度6；如颜色在7YR5/6与7YR6/6之间，可写成7YR5.5/6。

土壤颜色的比色，应在明亮光线下进行，但不宜在阳光下。土样应是新鲜而平整的自然裂面，一般应描述湿润状态下的土壤颜色。土层若夹有斑杂的条纹和斑点，亦应加以描述。

（3）质地：土壤质地是根据土壤的颗粒组成划分的土壤类型。土壤质地一般分为砂土、壤土和黏土三大类。室内分析用比重计法或吸管法，野外鉴定土壤质地，一般用目视手测的简便方法。土壤质地的鉴定应该注意"细土"部分的鉴定和描述。鉴定质地时，应首先肉眼观察，再用手指搓捻（冻结土壤，宜用其融化后的土样），以了解在自然湿度下的质地触觉，然后和少许水进行湿测，再判定土壤质地。记录时可按中国土壤质地分类（表4.3），也可参考美国农业部制土壤质地分类三角坐标图（图4.11）。

表4.3　中国土壤质地分类

质地组	质地名称	颗粒组成/%		
		砂粒（1~0.05mm）	粗粉粒（0.05~0.01mm）	细黏土（<0.001mm）
砂土	极重砂土	>80	–	<30
	重砂土	70~80		
	中砂土	60~70		
	轻砂土	50~60		
壤土	粉砂土	≥20	≥40	
	粉土	<20		
	粉壤	≥20	<40	
	壤土	<20		
黏土	轻黏土			30~35
	中黏土			35~40
	重黏土			40~60
	极重黏土			>60

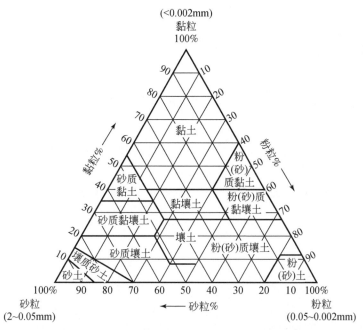

图 4.11　美国农业部制土壤质地分类三角坐标图

（4）结构：土壤颗粒胶结状况。土壤颗粒单独或相互黏结成一定形状一定大小的团聚物，称为结构体。在野外常见的有：粒状、核状、棱柱状、片状、块状、角状等。

（5）可持性：可持性是土壤所表现出来的内聚力与附着力的程度与种类，或土壤在压力下对于抵抗土块变形或破裂的能力。土壤水分状况对可持性的影响很大。野外评估包括紧实度、黏性和可塑性，具体可参考美国《Field Book for Describing and Sampling Soils（Version 2.0）》（表 4.4、表 4.5）。

表 4.4　湿润土壤紧实度类型及其判定标准

紧实度	松散 （L）	易碎 （VFR）	碎 （FR）	紧实 （FI）	很紧实 （VFI）	极紧实 （FE）	微坚硬 （SR）	坚硬 （R）	很坚硬 （VF）
判定方法 （破裂阻抗力）	无法取样	<8N	8～20N	20～40N	40～80N	80～160N	160～180N	800N～3J	≥3J

表 4.5　土壤黏性和可塑性类型及其判定标准

黏性	判定标准	可塑性	判定标准
无黏性（SO）	施压后极少或无土样附着于手指上	无塑性（PO）	无法形成直径 6mm 的土条，或者即使形成 6mm 的土条，也不能从一端提起
微黏性（SS）	施压后土壤附着在两手指上，但几乎没有土壤伸展在分开的两指间	微塑性（SP）	能形成直径 6mm 的土条，但不能形成直径 4mm 的土条

黏性	判定标准	可塑性	判定标准
中度黏性（MS）	施压后土壤附着于两手指上，有些土壤伸展在分开的两指间	中度塑性（MP）	能形成直径4mm的土条，但不能形成直径2mm的土条
很黏（VS）	施压后土壤紧密附着于两指，土壤强烈地伸展在分开的两指间	强塑性（VP）	能形成直径2mm的土条，并能提起不断开

（6）根系：植物根系的种类、多少和在土层中的分布状况，对成土过程和土壤性质有重要作用。因此，在土壤剖面形态的描述中，必须观察描述植物根系。若某土层无根系，也应加以记载。具体可参考美国《Field Book for Describing and Sampling Soils（Version 2.0)》（表4.6）。

表4.6　土壤根系数量和尺寸等级及其判定标准

数量等级	判定标准（根数）	尺寸等级	判定标准（直径）
少根（FEW）	1~2条/cm²	极细根（VF）	<1mm
中量根（COM）	>5条/cm²	细根（F）	1~2mm
多量根（MA）	>10条/cm²	中根（M）	2~5mm
		粗根（C）	5~10mm
		极粗根（VC）	>10mm

（7）砾石含量：砾石的粒径范围为0.2~2mm，在土壤描述的时候，应估算各土层砾石含量。

（8）裂隙或孔隙（宽度和间隔）：土壤剖面描述空隙时，必须对孔隙的大小、多少和分布特点，进行仔细的观察和评定（表4.7）。

表4.7　裂隙大小和孔隙形状及其判定标准

裂隙大小	判定标准（裂隙宽度）	孔隙形状	判定标准（孔径）
小裂隙	<3mm	海绵状	3~5mm，呈现网纹状
中裂隙	3~10mm	穴管孔	5~10mm，为动物活动或根系穿插而形成的
大裂隙	>10mm	蜂窝状	>10mm，系昆虫等动物活动造成的，呈网眼状分布

（9）新生体（种类、形状和百分比含量）：新生体不是成土母质中的原有物质，而是指土壤形成发育过程中所产生的物质。比较常见的新生体有石灰结核、假菌丝体、盐晶体、盐结皮、铁锰结核等。描述新生体时，要指出是什么物质，存在形态、数量和分布状态等特征。

（10）动物痕迹（种类和痕迹）：应记录动物种类、多少、活动情况。

（11）其他特征描述：其他重要土壤信息，可以备注形式加以记录。

4.3.3　土壤样品采集

采样的时候注意均匀。

1. 容重样品采集

土壤容重是指单位容积烘干土的重量。土壤容重用环刀法或挖坑法。容重与水分分析样品根据用途不同可按土壤层位采集或按剖面深度等间距采集。对于这两种采集方式，都是由下而上进行采集。按照土壤发生层次采样时，首先选择具有代表性的土壤剖面，在采土处先用铁铲铲平，然后将已称过质量的不锈钢环刀垂直压入原状土层内，取出环刀后用锋利的小刀削平环刀两端出露的土壤，擦去环刀外面的土，每个发生层至少取 3 个重复样品，采样时必须注意土壤湿度不宜过小或过大。当土壤发生层次明显或土壤质地结构有明显的变化时，需适当调整采样深度，以不跨越层次为宜。采集工具通常用容积为 $100cm^3$ 的环刀，一般用容积约 $120cm^3$ 的圆形铝盒来装。铝盒上也应标明样品编号，并在野外调查记录表上记录。

样品应在野外采集后立即进行湿重称量记录，若条件不具备可将铝盒用胶带进行密封（防止水分蒸发散失），拿回室内后尽快称湿重，称量湿重后进行烘干。环刀土样带回实验室后，在 105±2℃下烘干至恒重，测定土壤含水量和容重。具体测定方法可参考《陆地生态系统土壤观测规范》。

2. 理化指标分析样品采集

见 2.4.4 节内容。

3. 土壤碳密度样品采集

多年冻土区碳密度的采集主要是按层位或深度取样，采用布袋或自封袋装样品。

4. 土壤微生物采集

见 2.4.4 节内容。

4.3.4　土壤样品分析测试

野外采集回来的样品，除了部分指标（如自然含水量、微生物碳氮、硝态氮、铵态氮等）需要新鲜样品速测外，其他指标一般都采用风干样品进行分析，因为潮湿的样品容易发霉变质，不能长期保存，因此需要对采集回的鲜样进行一些前期处理（如土样干燥、过筛、磨细、保存等），才能用于各项指标的分析测定。

（1）土样干燥：干燥分为风干和烘干两种，风干是在气温 25~35℃、空气相对湿度为 20%~60% 的室内自然通风干燥，烘干是在 35~60℃ 的干燥箱中干燥，土壤分析通常采用风干法，风干土样具有相对不变的重量和较小的生物活性，适合大多数非生物土壤性质的测定。具体处理方法可参考《陆地生态系统土壤观测规范》。

从野外采集回来的土样,首先应剔除土壤以外的侵入体(如动植物残体、石块)和新生体(如铁锰结核和石灰结核等),然后将土样摊开平铺在干净木盘或垫有干净白纸的木板上,压好标签进行风干。风干时应保持通风干燥,无尘埃、酸碱气体或其他化学气体以防污染,用于微量元素分析的土样在风干、过筛、磨细时要特别注意防止污染。应经常翻动土样以加速干燥,在土样达到半干状态时,要及时将大土块捏碎或用木棒敲碎,使其直径在1cm以下,否则干后不易研磨。摊开的鲜样一般3~5天即可风干,潮湿季节可适当延长。

(2)过筛和研磨:风干后的样品还需经过磨细,使其通过一定的筛孔。由于不同分析项目要求不同,而且称量样品很少或样品分解较困难,因此,必须经过过筛和磨细等处理。

将风干样品平铺在木板或塑料板上,用木棍或塑料棍压碎,供微量元素分析用的土样,宜用塑料棍碾压。在压碎过程中,随时将样品中的植物根系、石块等剔除,若捡出的石块较多,则应称重和计算其百分率,并做好标记。细小已断的植物须根,可以在土样磨细前用静电吸除法或用微风吹除。经初步压碎的土样,若样品量较多,可采用四分法分取适量,并用2mm筛孔(10号筛)过筛装袋备用。未通过筛孔的土样,需重新压碎过筛,直至全部通过筛孔为止。测定土壤pH,交换性能及有效性养分等项目的土样,一般需要通过2mm筛(10号筛),如果磨得过细,容易破坏土壤矿物晶粒,使分析结果偏高。

土壤矿质成分的全量分析及有机质、全氮等分析所需的土样,不受样品磨细的影响,为了使样品容易分解或熔化,需要将样品磨得更细一些,因而要将已通过10号筛的土样,用四分法取出一部分,磨细使之全部通过0.15mm筛孔(100号筛)或0.2mm筛孔(60号筛)。需要注意的是,在分取土样过筛或研磨时,必须将通过2mm筛的土样按照四分法或多点法分取,而不能在其中随意挖取一部分进行过筛或研磨,否则可能会因为不同粒径的土样在袋中分布的不均匀性,降低所选土样的代表性。

(3)保存:供科研工作或生产分析用的土样,通常要保存半年至一年,以备必要时核查,样品可放入密封的自封袋中,在避光、通风干燥处及远离酸碱气体的环境中保存,并在自封袋内外都贴上标签,标签上注明样品编号、采样地点、采样日期、土壤类型、采样深度、过筛孔径和采集者等。用于长期保存的土样应装入带有螺纹盖或磨口的玻璃瓶或聚乙烯塑料瓶中,容器内应装满土样,然后旋紧瓶盖使得瓶内空气量最小,瓶上标签粘贴后蜡封,防止标签因水渍而脱落,然后将样品放置在避光、通风、无污染的环境中妥善保存。具体保存方法可参考《土壤理化分析与剖面描述》。

(4)土壤样品测试分析理化指标主要包括:颗分、土水势、非饱和导水率、pH、水分、全盐量、全氮、有机质、全钾、缓效钾、速效钾、全磷、有效磷、有效硫、含氨态氮、硝态氮、Ca^{2+}、Mg^{2+}、K^+、Na^+、CO_3^{2-}、HCO_3^-、SO_4^{2-}、Cl^-、$CaCO_3$、$CaSO_4$等,具体测试方法参考相关实验测定手册。

(5)土壤碳密度测定方法:精确的测定可用总有机碳分析仪或元素分析仪进行。在缺少这些仪器的时候,可以用重铬酸钾氧化-外加热法,此法准确性较高,操作简便,且不受土壤中碳酸盐的影响,但当土壤中含有氯化物或低价铁、锰时会影响测定结果。具体测定方法参考《土壤农化分析》（鲍士旦，2000）。

（6）土壤微生物碳测定方法：采集回的新鲜土壤样品应立即去除植物残体、根系、石块和可见的土壤动物（如蚯蚓、蚂蚁等），然后迅速过筛（2mm），或在 4℃ 的冰箱中保存。如果太湿无法过筛，进行晾干时必须经常翻动土壤，防止局部风干导致微生物死亡。过筛后的土壤样品调节含水量至田间持水量的 40%，然后在 25℃ 的黑暗密闭条件下预培养 7 天，以使微生物活性达到最大。密闭容器底部要放入两个小烧杯，分别加入 NaOH 溶液和蒸馏水，以供给微生物水分和吸收微生物呼吸释放的 CO_2。预培养后的土样应尽快分析，或放在低温下（2~4℃）保存。具体测定方法参考《陆地生态系统土壤观测规范》。

4.3.5　土壤类型鉴定

1. 鉴定依据

土壤类型鉴定依据主要有：野外土壤剖面描述记录、剖面照片、土壤样品实物观察、土壤样品理化指标等。

2. 鉴定方法

土壤类型鉴定方法是依据《中国土壤系统分类（修订方案)》，并按照《中国土壤系统分类检索》（第三版）进行逐个土壤剖面分类鉴别。

对于个别土壤类型无法按照《中国土壤系统分类检索》（第三版）进行鉴别的，根据实际情况适当增加一个土壤类型（主要在亚类一级上）。

在按照中国土壤系统分类方法鉴别土壤类型的同时，也按照美国土壤系统分类方法给出该土壤的美国系统分类的类型以作对比。

4.3.6　土壤调查信息录入数据库

1. 录入的信息内容

土壤调查录入的信息内容包括：野外土壤剖面描述记录、剖面照片、土壤样品实物观察、土壤样品理化指标、土壤系统分类的类型、土壤分布图等。

2. 录入信息的方法

录入信息的方法主要为人工输入计算机数据库内。

3. 信息管理

通过计算机数据库进行管理，可根据用户需要方便调取，而且还可对一些数据进行一定程度分析，如土壤类型查找、生成土壤图件等。

第5章 | 多年冻土的分布特征

多年冻土的分布特征指的是在一定范围内多年冻土在空间上的分布范围、分布规律、与地质地理因子之间的关系，以及表征多年冻土类型的主要指标（如含冰量、年平均地温、多年冻土厚度等）在空间上的分布状况与特点。多年冻土分布特征是了解一个区域多年冻土的基础信息，也是多年冻土调查中最为重要的工作内容之一。

目前，多年冻土分布特征的确定主要包括四个阶段和三个方面的内容。四个阶段分别是指：①模型推算阶段。基于 DEM 数据或地形图，对于高海拔冻土，可用地温–海拔关系曲线推算多年冻土的分布边界；对于高纬度多年冻土，利用地温–纬度关系曲线推算多年冻土的分布边界。利用推算的地温结果，依据冻土地温–地热梯度模型和活动层厚度模型来确定多年冻土的上限和厚度。②基于卫星影像和现场踏勘来初步确定冻土边界，主要依据是地表植被、地貌形态、表土岩性等地表信息。③利用钻探、坑探和物探相结合的方法确定多年冻土的分布特征。④综合以上三个方面的分析结果，给出冻土分布的模型，包括分布界限、上限和厚度等，为冻土分布制图提供最终依据。三个方面的内容则分别是指多年冻土分布的边界、上限和下限，本章将按照上述顺序逐一给出冻土分布特征的确定方法。

5.1 多年冻土分布边界的确定

确定多年冻土分布边界是多年冻土调查的首要任务。对于高纬度地区，多年冻土的分布与纬度密切相关；而在中纬度的高山、高原地区，如我国青藏高原、天山、祁连山等地区，多年冻土的分布与海拔密切相关。此外，局部的地形、地貌、土质、植被、水文条件的差异也直接影响着多年冻土的存在与发育状况。受上述众多因素的影响，往往只有通过实地调查才能确定多年冻土的存在与否，进而确定其分布边界。野外调查时，可以利用物探、坑探和钻探相结合的方法，确定多年冻土分布的边界。

5.1.1 多年冻土分布边界的初步估计

实际开展钻探、坑探或物探工作之前，通常先根据地表植被和地貌形态对多年冻土分布边界进行初步估计。高海拔地区的多年冻土分布，具有明显的海拔特征，随着海拔的不断升高，由季节冻土区过渡到岛状多年冻土区、再到连续多年冻土区。踏勘和基于经验估计多年冻土分布边界大致位置的主要过程为：

（1）根据多年冻土地带性分布规律，结合调查区气候特征大致推断多年冻土分布边界可能出现的位置，如北半球高纬度多年冻土的南界纬度和高海拔多年冻土的下界海拔。

（2）在估算的多年冻土分布边界附近进行踏勘，调查地表植被状况的分布特征，初步判断植被类型、盖度和高度等发生显著变化的位置为多年冻土的分布边界；在高海拔地区，随着海拔的升高，以高寒草原为主要植被类型的山谷谷地或阴坡坡脚部位出现高寒草甸乃至小片沼泽草甸时，此处即可能为多年冻土分布下界。

（3）一般来讲，洼地、缓坡坡脚以及沟谷底部、坡-洪积扇边缘出现冻融草丘或沼泽化湿地等区域常常是多年冻土分布边界可能出现的位置。

（4）在山区，坡向对多年冻土的分布影响很大，一般而言，阴坡多年冻土发育的海拔比阳坡要低得多。

（5）大湖、大河及其河漫滩阶地地段常常发育着融区。大湖边缘，或大河的二三级阶地，往往也可能是多年冻土的分布边界。

因此，在已有高海拔多年冻土地带性分布规律的指导下，结合现场地表植被、地貌特征的初步调查，并考虑影响多年冻土发育的局地因子，就可以大致勾画出多年冻土的分布边界，为下一步物探、钻探及坑探的调查线路及剖面的布设提供依据。在高纬度地区，随着纬度的升高，由季节冻土区逐渐过渡到岛状多年冻土区、不连续多年冻土区和连续多年冻土区。在岛状多年冻土区，多年冻土往往只存在于低洼区域的沼泽湿地中。在不连续多年冻土区，较为干燥的台地上一般不存在多年冻土。

5.1.2　多年冻土分布边界的确定方法

1. 钻探、坑探法

钻探和坑探是确定多年冻土分布边界的最直接方法，但是由于此方法为点状调查，且调查成本较高，因此，钻探和坑探常常用来调查判断多年冻土存在与否的控制点，指导其他剖面的布设。钻探、坑探工作中的要点如下：

（1）钻孔一般布设于经野外初勘并经物探方法初步确认的多年冻土分布边界附近。

（2）选择地形地貌、植被状况、地表水分条件、海拔等具有显著变化的剖面布设钻孔，多年冻土分布边界可以根据两个相邻钻孔是否存在多年冻土层来判断。

（3）当相邻钻孔分别揭示为季节冻土和多年冻土时，多年冻土分布边界应该在这两个钻孔之间。在该中间区域增设钻孔，进一步追踪多年冻土分布边界位置。同时在钻孔之间结合地貌、植被等条件，开展坑探调查，即可确定多年冻土分布边界。

当从多年冻土分布区域向季节冻土分布区域追踪时，钻孔、探坑应尽量选择在不利于多年冻土发育的地表、地貌条件下，以便确定连续多年冻土分布边界；当从季节冻土区域向多年冻土分布区域追踪时，钻孔、探坑宜布设于最有利于多年冻土发育的地表、地貌单元，以便确定岛状多年冻土分布边界。

利用坑探法确定多年冻土边界时，坑探的最好时间为季节融化深度达到最大的时间，在青藏高原地区一般为 9 至 10 月份；探坑的深度要保证大于勘探区多年冻土可能出现的最大上限深度。一般来讲，当探坑达到可能的最大上限时，如果这个深度之下数十厘米之内有富冰冻土乃至含土冰层出现，往往说明此地可能发育多年冻土。

2. 地球物理勘探法

地球物理勘探以其快捷、成本低廉、剖面布设灵活、勘探手段多样、勘探剖面连续、对土层无扰动等诸多优点成为冻土调查工作中的重要手段。目前确定多年冻土分布边界常用的地球物理勘探方法主要有探地雷达法、电阻率法等。

地球物理勘探在确定多年冻土分布边界时一般包括两个方面的内容：①依据地貌特征勘探多年冻土分布的可能边界，用以初步确认多年冻土边界，以指导钻孔布设；②多年冻土边界线的延伸勘探。这项内容是物理勘探确定多年冻土边界的主要任务。一般根据经钻孔、探坑明确确认的局部多年冻土边界向相邻区域布设勘探线，结合地貌条件逐渐向外延伸，通过多条线路勘探，查明多年冻土分布边界。

多年冻土形成之后，受多年冻土层弱透水性的限制，活动层周期性冻融过程的长期作用一般会导致多年冻土上限附近形成富冰土层，这个富冰土层的存在使得多年冻土上限之上和之下土层的物性特征存在显著差异，如介电常数、电导率、弹性模量等。以土体的电阻率为例，一般第四系表层融化亚砂土的电阻率随含水率的不同在 $10 \sim 100\Omega \cdot m$ 变化；一旦冻结后，电阻率显著增高，通常为 $1000 \sim 3000\Omega \cdot m$，甚至达到 $5000\Omega \cdot m$。冻结和融化土层之间物理性质的显著差异就为采用地球物理方法勘察多年冻土存在与否、季节融化深度、多年冻土厚度以及地下冰的发育程度提供了理论依据。

各种物探方法在多年冻土调查中的应用具有不同的优缺点和适用范围，主要表现在以下两方面：

（1）勘探内容的侧重点不同。在少冰冻土区，冻结前后土层电性特征的变化会较其弹性特征的变化更为明显，电法勘探能够更好地捕获到土层电性的这种变化，因此而成为被优先考虑的物探方法。在富冰、饱冰和含土冰层等高含冰量冻土区域，冻土上限之上和之下土层的电性和弹性特征均存在显著差异，地震和电法勘探均可分别识别这种弹性和电性差异，但相对而言，电法勘探的操作更为便利，但地震勘探方法可更好地对土层进行分层。

（2）工作效率、勘探精度和勘探深度不同。在现有的物探技术中，电磁高频电法的勘探精度和效率均较高，但勘探深度较浅；低频勘探深度可达上千米，但精度和效率低。探地雷达的勘探精度和效率较高，成为一定深度范围内冻土勘探的首选方法。直流电法和地震波法的勘探深度可达几十或上百米，但精度和效率较低。在1990年以前，直流电法在多年冻土勘探中被广泛应用，但由于勘探精度和效率的限制现已被电磁法逐渐取代。重力勘探的优点是使用的仪器非常简单、便捷，但对冻土的敏感度很低，只能用于巨厚层地下冰或埋藏冰川的勘测。所以，在多年冻土地区开展物探工作应根据勘探目标、研究内容、勘探深度、工作时间等几方面综合考虑来选用不同方法。表5.1列出了一些常见物探方法及其在冻土勘探中应用效果的评价。

表 5.1 各种主要地球物理方法在多年冻土勘探中的应用效果比较

方法	活动层厚度	冻土的平面分布	冻土的垂向分布	未冻结的细分散土	冻结的细分散土	基岩的深度
直流电法	一般	好	一般	一般	无	无
激发极化法	一般	一般	一般	好	无	无

续表

方法	活动层厚度	冻土的平面分布	冻土的垂向分布	未冻结的细分散土	冻结的细分散土	基岩的深度
甚低频电法	无	一般	无	无	无	无
探地雷达法	好	一般	不确定	无	无	无
地震波勘探	一般	一般	无	无	无	不确定
频率域电磁法	无	不确定	无	无	无	较好
时间域电磁法	一般	好	好	不确定	不确定	不确定
复电阻率法	一般	好	一般	好	不确定	一般

3. 电阻率法

电阻率法是通过电阻率特征的差异解译得到多年冻土分布边界的物探方法，近年来被广泛应用。电阻率法勘探要结合钻孔、坑探、地形、地貌和地表植被特征等资料，以多年冻土分布边界为勘探目的，勘探剖面的布设原则，首先是要穿过经初勘判定的多年冻土分布边界，并通过加密测点以获取剖面上更为详尽的电阻率拟断面图，最终反演得到多年冻土分布边界。

在冻土区开展电法工作，应当结合工作区域的地质、地形、地貌、工作环境及交通条件等因素而选取相应的工作装置。选取的物探仪器设备必须耐寒、防水、适应高海拔工作环境，还需配备地质罗盘、测绳、GPS 及统一格式记录本等一些辅助工具。

受多年冻土区特殊自然环境的限制，应注意以下事项。

1）野外工作

（1）每个测点及线框布设时，应校对测量点号是否正确。

（2）尽量使用非极化电极，接地条件不好的地方应使用电极阵列或硫酸铜溶液。

（3）不得在万伏以上高压线下布设测站，有必要时允许弃点。

（4）导线连接处应接触良好，严禁漏电。野外用的电线应定期检查绝缘性，绝缘电阻应大于 $2M\Omega$ 以上，供电导线的总电阻值应能保证所敷设回线的供电电流满足设计要求。

（5）当导线通过湖塘、河沟时，应予架空，防止漏电；当导线经过公路时，应架空或埋于地下，架空的导线应拉紧防止随风摆动。

2）内业整理

（1）原始资料的检查和编录：野外作业存储原始数据和可能干扰源的编录，电性参数测定记录，以及测地工作记录。

（2）资料处理及图表编绘：资料整理和解释推断过程中形成的各种记录、图标，成果报告底稿、成果图件底图等。

（3）原始数据的处理：观测数据处理的主要内容包括原始数据的多次平均滤波处理，视电阻率、视深度、视时间常数、视纵向电导等参数的换算。另外，对数据处理结果应作 100% 的检查校对。

（4）图表编绘：包括测点位置图（植被盖度、坡度、坡向、海拔）、剖面电阻率拟断面图、测点坐标多年冻土区活动层厚度表和多年冻土层厚度表。

（5）探测精度验证：结合坑探、测温等资料对多年冻土区活动层厚度和多年冻土层厚度进行必要的验证。

3）工作装置选择与确定

以时间域电磁法为例，其剖面法的基本装置形式分为：

（1）重叠回线装置：用 RX 回线观测 V/I 或 B/I。

（2）中心回线装置：用 RX 线圈观测 1 至 3 个分量的 V/I 或 B/I。

（3）偶极装置：用 RX 线圈观测 1 至 3 个分量的 V/I 或 B/I。

（4）大定源回线装置：用 RX 线圈观测 1 至 3 个分量的 V/I 或 B/I。

其测深法的基本装置形式：

（1）中心回线装置：用 RX 线圈观测 Z 分量的 V/I 或 B/I。

（2）偶极装置：用 RX 线圈观测 Z 分量的 V/I 或 B/I。

瞬变电磁法的最佳工作装置是中心回线装置，中心回线装置估算极限探测深度（H）的公式为

$$H \approx 0.55 \left(\frac{L^2 I \rho}{\eta} \right)^{1/5} \tag{5.1}$$

$$\eta = R_m N \tag{5.2}$$

式中，I 为发送电流；L 为发送回线边长；ρ 为上覆电阻率；η 为最小可分辨电平，一般为 $0.2 \sim 0.5 \mathrm{nV/m^2}$；$R_m$ 为最低限度的信噪比；N 为噪声电平。

时窗范围的确定，取决于测区内所要探测目标物的规模及电性参数的变化范围、地电断面的类型及层参数、勘探深度等诸多因素，具体时窗范围应通过生产试验确定。

电阻率法是以岩（矿）石间电磁学性质及电化学性质的差异作为物质基础。在不同的应用对象中，采用不同的变种或分支方法。由于勘探现场地质条件多种多样，故电法勘探的变种方法也较多。通常可将电法勘探的方法分为两大类，即传导类电法和感应类电法。总体而言，在多年冻土区开展电法勘探，当勘测重点为冻土的分布特征时应优先考虑电阻率法，对多年冻土层上下限的探测采用多种电法联合探测，才可能取得良好的效果。

当今电法技术的发展已达到供电极距最大可以为 $7 \sim 8 \mathrm{km}$。由于在一定的拟合精度内会产生等效作用，界面深度、分层数和层电阻率的不同组合会造成近似的物理场（多解性）。对于有经验的解释人员，这种误差可以限制在 20% 以内。但过于疏松或者过于坚硬的表土，都不利于电极和表土之间的良好接触，因此，电法也有它应用条件的局限。在青藏高原多年冻土区进行物探工作，首先应选择适用低温环境下工作的仪器，分析不同冻土的物理性质，给出不同参数对冻土物性的影响；结合钻孔地质资料与测温资料，分析各种电法在不同环境条件中所能达到的最大勘测精度和深度。

图 5.1 为卓乃湖某剖面纳米瞬变电磁法（NanoTEM）电阻率拟断面图，采用美国 Zonge 公司 NanoTEM 系统中心回线装置（发射线圈：$20 \mathrm{m} \times 20 \mathrm{m}$，接收线圈：$5 \mathrm{m} \times 5 \mathrm{m}$）。从图中可以看出，在测量剖面穿过海拔 4767m 附近时电阻率发生了显著变化，结合剖面上探坑和钻孔资料可以判定海拔 4767m 为该剖面多年冻土的下界。虽然该方法得出的结果为插

值结果, 得出的多年冻土分布边界可能存在一定的误差, 但是这一测量结果仍可以作为判别区域内下界特征的一个参考依据。

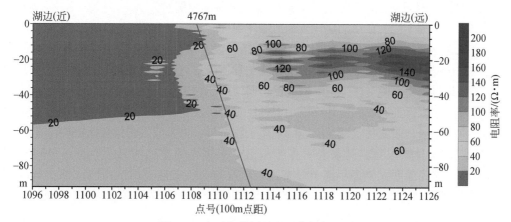

图 5.1　卓乃湖某剖面电阻率拟断面图

4. 探地雷达法

探地雷达法是目前最为简便的多年冻土分布边界地球物理勘探手段, 其探测的水平分辨率可以达到数米乃至 1m 之内, 弥补了钻孔探测法在空间分辨率上的不足。通常我们通过追踪雷达剖面图中多年冻土上限特征反射层的变化状况来确定多年冻土分布边界的位置。一般情况下, 在多年冻土至季节冻土的过渡地段, 多年冻土上限特征反射层有逐渐增厚的趋势, 在分布边界处该反射层消失。在利用雷达法探测多年冻土边界时, 首先需要根据已有多年冻土分布的背景资料, 如钻孔资料、地貌及植被覆盖等资料, 保证所选取的雷达探测剖面能够跨越多年冻土和季节冻土分布的边界地段。另外在雷达探测剖面选取时, 要尽量考虑探测剖面区的地质沉积特征, 一般选取沉积特征一致的地段较为理想, 这样可以最大限度地避免地质沉积分层造成的冻土上限特征反射层识别的困难或误判。

用于多年冻土边界调查的雷达探测剖面长度一般都在几千米以上, 由于岩土层介质在空间上的巨大差异, 我们很难连续获取整条剖面中雷达波在岩土层中传播速度, 因此在一条雷达探测剖面探测结束后, 需要根据雷达探测的解译结果选取几个典型位置进一步对冻土上限的有无和埋藏深度进行精细探测, 获取这些典型位置雷达波的传播速度和多年冻土上限分布状况, 从而对边界探测雷达剖面图的解译结果进行验证。

当需要连续获取整条探测剖面不同位置处的雷达波传播速度时, 需要利用多天线距法进行至少两次的重复探测, 然后根据在不同天线距下各特征反射层的回波时间差即可计算出空间上连续的雷达波传播速度。但这种方法在野外实施的工作量较大, 一般不建议采用。在仪器设备允许的条件下可以采用多通道的探测方法来获取探测剖面连续的雷达波传播速度。

由于地下水位、岩土层地质沉积分层都会对多年冻土上限特征反射波的准确识别产生干扰, 因此在利用雷达探测法进行多年冻土分布边界的调查时, 其他冻土分布边界的辅助资料, 如探坑剖面、钻孔岩心剖面和测温资料都是必不可少的。

在进行多年冻土分布边界的探测时, 探测时间、天线频率和剖面选取至关重要。探测时间最好选取在活动层完全融化期；天线频率选取的原则是在探测深度能够达到探测目标深度的前提下尽可能选取频率较高的天线以达到最大的垂直分辨率。关于探测时间和天线频率的选取详见附录7（多年冻土上限雷达探测原理及实例）。

在典型多年冻土区，在活动层达到最大融化深度时段冻土上限雷达反射回波的一个最基本特征表现为连续的强反射，随着向季节冻土区过渡，该反射回波有可能不连续或强度减弱，这取决于探测区域冻土上限附近的水分变化和上限附近冻土层内的含冰量特征。为了在后期图像解译过程中方便对冻土上限特征反射回波的相位追踪，在实测过程中要尽量采用较小的探测步长，以保证获取的雷达剖面图中各层反射回波信号变化的连续性。另外在探测过程中需要详细记录地表变化状况及可能的地质沉积类型，为后期的图像解译提供参考。

下面以一个具体探测实例来说明多年冻土分布边界的雷达探测及数据解译过程。图5.2是位于青藏高原西大滩多年冻土分布边界附近的一条雷达探测剖面图。该区域最大的活动层厚度在5m以内（大约在1m至4m之间变化），选取的天线频率为100MHz。为了工作上的方便，首先选取一个100MHz绳状柔性天线进行连续探测，信号记录方式采用时间触发式，即每0.5s记录一次数据，根据天线移动的平均速度，大约为每0.5m的距离间隔（步长）记录一次数据。探测剖面总长度约2.2km，起始位置位于青藏铁路南侧阴坡海拔4441m处，地表为典型高寒草甸（图5.3），根据该区域地表植被类型与多年冻土分布的关系推断该处为多年冻土分布区域。附近海拔4439m处的探坑（图5.2中T1所示位置）揭示该点位于多年冻土分布区，探坑在1.3m处见冻土上限处富集的纯冰层。剖面结束位置位于海拔4335m青藏铁路附近，根据铁路沿线的历史勘察结果确定该海拔附近为季节冻土区。图5.2是经过地形校正后的处理结果，横坐标为雷达波记录道数，左侧纵坐标为雷达回波时间，右侧纵坐标为海拔。

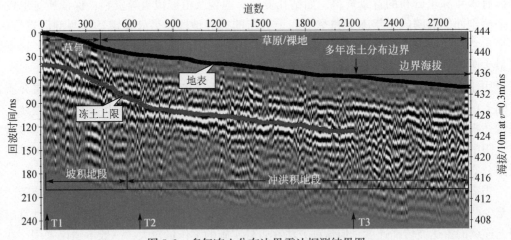

图5.2 多年冻土分布边界雷达探测结果图

T1、T2处探坑揭示，冻土上限埋深分别为1.3m和3.1m，利用这两个单点多年冻土上限雷达探测解译结果获得冻土上限的回波时间分别在40ns和60ns附近，与图5.2中冻土上限解译结果的回波时间提取结果一致（图5.4中14道和650道附近），这说明图5.2中的冻土上限提取位置是正确的。T3处的探坑挖至3.1m未见冻土，探坑结果初步认定该点为季节冻土区，但从图 5.2 的解译结果看该处应该位于多年冻土区，根据探坑的测温结果推算大约在 3.6m 深度地温为 0℃（图 5.5），这说明该处冻土上限位置可能在 3.6m 深度附近。根据 T3 处的多年冻土上限雷达探测剖面解译结果得出该处 3.8m 深度存在冻土上限特征反射层，对应的冻土上限雷达波回波时间在 70ns 附近，与图 5.2 的解译结果基本一致（图 5.4 中 2100 道附近）。图 5.2 中的冻土上限特征反射回波在 2124 道附近消失，这说明该处可能为多年冻土的分布边界，对应的地表海拔大约在 4356m。

图 5.3　西大滩冻土调查雷达勘测剖面（图 5.2 剖面）典型位置的地表景观

a. 位于 T1 探坑处的草甸区照片；b. 200 道附近的裸地区照片；c. 350 道附近退化草甸区照片；
d. 位于 T2 探坑处的草原（裸地）区照片；e. 位于 T3 探坑处的草原（裸地）区照片

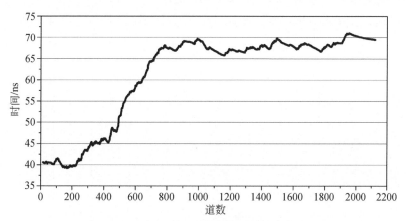

图 5.4　多年冻土上限回波时间提取结果

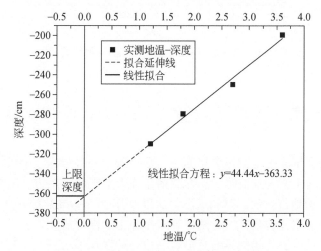

图 5.5　探坑 T3 测温及上限深度拟合结果

5. 地温–海拔公式法

海拔和坡向是控制区域小气候特征的主导因素。一般而言，年平均气温随海拔的变化率约为 0.6℃/100m。而受地表植被、岩性、水分条件、积雪覆盖状况等局地因素的影响，地温的变化可能存在一定偏差，相同气温条件下，不同地区的地温不同，但会在一定范围内波动。对于一个纬度跨度不大的区域，地温随海拔升高线性降低的总体趋势仍然存在。因此，将调查区钻孔进行测温，并绘制年平均地温–海拔关系曲线。在曲线上与 0℃ 地温相对应的海拔即可被认为是该调查区域多年冻土分布下界的海拔。据此，可大致确定该区域多年冻土分布界限。这种方法可以被用来确定气候条件相近的高海拔多年冻土的区域下界，对于具有一定地形起伏的高纬度多年冻土区南界的确定也具有较强的指导意义。

利用此方法可较为准确地确定相近坡向条件下，地表土层岩性、水分状况及植被状况均较为一致的地区的多年冻土分布边界。对于不同坡向的区域，如果条件允许，可分别确定，乃至于可分别针对不同坡向、不同主要植被类型单独确定多年冻土分布边界。

图 5.6 为青海省兴海县温泉区域较为平坦的草甸区域多年冻土 10m 深度地温与海拔之间的关系图。根据关系图，可以推测此区域多年冻土分布下界海拔约为 4220m。

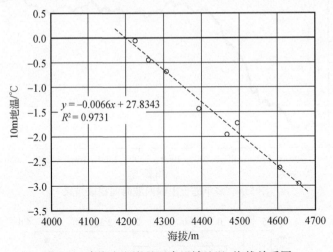

图 5.6 青海省兴海县温泉区域地温–海拔关系图

5.2 多年冻土上、下限深度的确定

大部分地区的多年冻土是衔接多年冻土，即探测到的多年冻土上限深度也就是活动层厚度。目前在多年冻土调查及监测中，探测多年冻土上限的常用方法有探钎法、钻探（坑探）法、测温法、探地雷达法、时间域激电法以及其他一些物探方法。另外，在没有实地勘探的区域还可以采用经验公式的方法估算多年冻土上限深度。

融化土层与冻结土层之间的界面是最容易被各种勘探手段识别的层面，因此在活动层的融化深度达到最大时所探测到的冻结层位深度基本就是多年冻土上限埋藏深度。我国不同地区最大融化深度出现的时间有较大差异（表5.2），如果能够选择这样的时段进行调查，即可能获得最为准确的多年冻土上限信息。

表 5.2　我国部分多年冻土区最大季节融化深度出现时间（供参考）

地区	西藏 土门格拉	青藏 风火山	祁连山 木里	祁连山 热水	大兴安岭 牙克石	大兴安岭 漠河
最大季节融化 深度出现时间	10月 上旬	10月 上旬	9月下旬至 10月中旬	10月上 中旬	10月中旬 至下旬	10月 上旬

如果勘探时间不在最大融化深度出现的时间，此时探测出的冻结层位置深度并不是多年冻土上限。这时可以根据图5.7所示的活动层冻融变化规律初步确定多年冻土上限深度。图5.7是根据气象站观测资料，结合活动层融化的热量消耗过程，总结出的多年冻土区典型土质下活动层在不同时期的融化系数（即融化深度与活动层厚度的比值），即融化深度系数图，按照系数图可推算多年冻土上限深度。例如，7月份测得植被稀疏的矿质土层的融化深度为1.0m，对照图5.7中的曲线Ⅰ，得到融化深度系数为0.4，则活动层厚度为：1.0/0.4=2.5m。

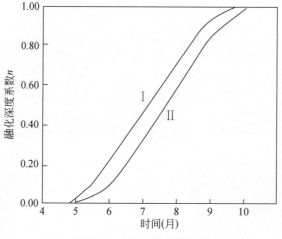

图 5.7　融化深度系数图

依据地表特征和浅层土的岩性，在融化速率图上选线，并根据勘探时间所得的融化深度确定当时的融化深度系数。图中Ⅰ线的应用条件为：地表植被不太发育（包括无植被或植被稀疏）、浅层土中含有少量草炭。Ⅱ线应用条件为：地表沼泽化、植被繁茂，浅层土中草炭含量及厚度大

5.2.1　多年冻土上限深度的确定方法

1. 探钎法

探钎法是测定多年冻土上限最简单和最省力的方法。当季节融化深度达到最大时，将

探钎即钢钎钉入融土层中，直到冻融界面为止，钢钎所能达到的最大深度就是近似的活动层深度，这种方法适用于活动层较薄（一般小于1m）的细颗粒土、泥炭土和沼泽湿地。在环北极的苔原地区，多年冻土上限深度大多在数十厘米之内，应用该方法可较为准确、方便地测得较大区域的活动层厚度，也被推荐为环北极活动层厚度监测网络（CALM）的主要观测方法之一。但此方法不适合高海拔、土层岩性条件较为复杂的地区。

2. 探坑法

在多年冻土区进行探坑挖掘，根据目测土层中有无冰夹层，来确定活动层厚度。一般来说，在活动层底部，即多年冻土上限的位置，通常会形成一层连续发育的富冰土层或冰层，冰层厚度从数毫米到数厘米乃至数十厘米，从地表到此冰层顶部的深度即为多年冻土上限埋藏深度。

3. 钻探法

与探坑法类似，钻探法也是利用观测岩心的冷生构造来判断活动层厚度，通常是在岩心中寻找多年冻土顶板处冰层所在位置。图5.8为上限深附近高含冰量冻土岩心。具体钻探和识别方法请参考5.1.2节。

图5.8　多年冻土上限附近的地下冰

4. 测温法

除了利用上述方法直接探测多年冻土上限外，多年冻土研究过程中常常利用测温方法间接确定多年冻土上限深度，地温曲线中0℃等温线所能达到的最大深度即为多年冻土上限深度。由于不同时间测温结果不同，在活动层达到最大融化深度时，多年冻土上限处地温为 0℃，此时也是 0℃ 等温线达到的最大深度，图 5.9 为国道 214 沿线 K369+860 处天然测温孔不同时间测温结果。由图 5.9 可知，在 9 月底基本达到最大融化深度，多年冻土上限深度约为 2.4m。

近年来，常采用数采仪等对活动层冻融过程进行连续动态监测，由此可以绘制地温在不同深度随时间变化的等值线图，并利用 0℃ 温度来判定活动层厚度。实际上由于土壤盐分的影响，0℃ 与土的冻结温度并不一定完全吻合，从而可能会造成一定的误差。但这种误差可以通过实验室对土样的盐分测定对冻结温度进行校正，利用地温廓线得到更为准确的活动层厚度。图 5.10 为祁连山区一个沼泽下垫面活动层场地的地温等值线图，由图可见，活动层厚度在不同年份有一定差异，该场地活动层深度大约为 0.9m。

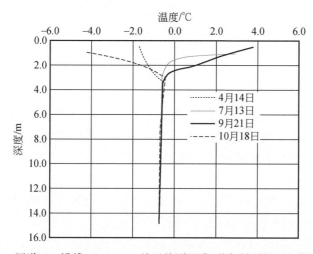

图 5.9 国道 214 沿线 K369+860 处天然测温孔不同时间的地温-深度曲线

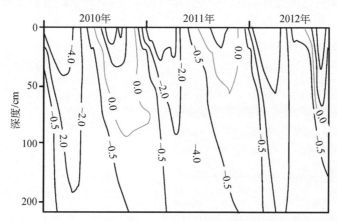

图 5.10 祁连山区沼泽湿地活动层土体温度随时间变化过程（℃）

5. 探地雷达法

由于雷达电磁波在有明显介电常数值差异的介质分层界面处会产生电磁波反射，因此可以通过雷达波在冻融界面处的反射回波位置来确定冻土上限深度。当雷达图像在地表直达波以下出现多个雷达波反射层位时，需要其他辅助数据来确定多年冻土上限所对应的反射层位。在多年冻土区活动层达到最大融化深度时段，由于多年冻土的隔水作用，地表水在重力作用下汇集于冻土上限附近，使得该处雷达波传播速度变小。因此可通过各个反射层位雷达波传播速度的大小变化来确定冻土上限位置，一般雷达波速相对较小的反射层位为冻土上限。

在解译探地雷达法得到的剖面资料时，需要结合测点附近的地质、气候背景资料，如钻孔岩心、探坑、地表水分、植被和当地的气候条件等资料获取冻土上限的大致埋深。在此基础上，雷达剖面图中大致对应深度的反射层位一般为该区域冻土上限反射层位。在条件允许的情况下，可以通过在不同冻融季节的重复探测，从雷达剖面图中追踪冻融界面反射层位的季节变化过程可以准确获取冻土上限反射层位。

在大多数富冰冻土区，多年冻土上限附近会形成含土冰层或纯冰层，该层位在雷达图像中表现为强反射层，在这种条件下，可以通过分析每个反射层位的雷达波反射强度来确定冻土上限位置。

为了能够获取高质量的剖面数据，一般应选取地形相对平坦，地貌部位和地表覆盖特征相对一致的地点布设探测剖面。由于雷达探测地下介质分层状况时获取的是雷达波在不同岩土层介质分层界面处的回波时间，因此必须获取雷达波在探测点处的传播速度才能计算出不同界面的深度值。

图 5.11 为青藏高原西大滩多年冻土区雷达探测活动层厚度结果图。从探测结果看，剖面分别在 40ns、55ns 和 90ns 附近出现较强的雷达回波（图 5.11a），根据该点 WARR 法的测速结果获取三个反射层位深度的平均雷达波传播速度分别为 0.11m/ns、0.104m/ns 和 0.11m/ns，利用获取的雷达波速分别计算三个反射层位对应的平均深度分别为 2.0m、3.0m 和 4.8m。从雷达波的传播速度变化情况看，④所对应的位置波速相对较小，可能为冻土上限反射层。根据该处探坑剖面揭示，③处为地下水位反射层，约为 2.0m，④为多年冻土上限反射层，约为 3m。

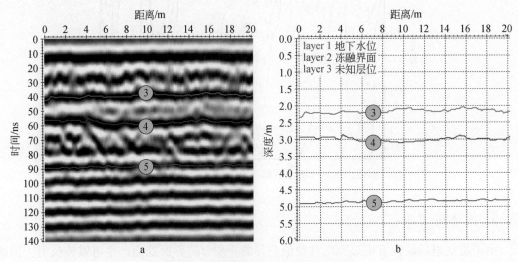

图 5.11 活动层厚度雷达探测结果图

6. 时间域激电法

时间域激电法是探测活动层厚度较为准确的方法，时间域激电法是以岩矿石的激发极化效应差异为前提，采用直流电流作为激发场源，通过测量断电后二次场的衰减特性，查明相关的地质问题。根据地层导电性的差异，在地面上不断改变供电电极 AB 与测量电极 MN 的位置（工作装置示意图 5.12 和现场工作示意图 5.13），观测分析所供直流电场在地下介质中的分布，了解测点电阻率沿深度的变化，达到解决相关地质问题的目的。

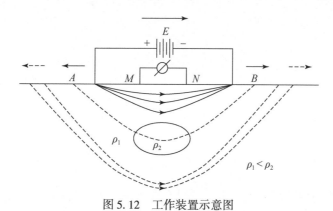

图 5.12　工作装置示意图

图 5.13　时间域激电法现场工作示意图

图 5.14 为西大滩某条剖面电阻率拟断面图，采用偶极–偶极装置，$AB = MN = 2m$，电极隔离系数 n 为 1～5。从图中我们可以看出西大滩场点多年冻土上限深度为 1.5～1.7m。同时我们也可以看到上限附近电阻率的变化规律，主要是因为多年冻土上限是多年稳定变

化的结果，而活动层内部电阻率变化较大，恰恰说明了活动层的冻融循环过程造成的水分迁移、物质迁移等因素造成介质的不均匀特性。

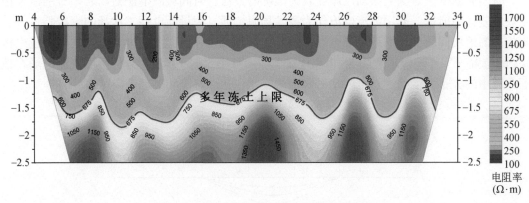

图 5.14   西大滩某条剖面电阻率拟断面图

7. 其他物探方法

其他物探方法如地震法、电法也均可以在多年冻土上限的勘定上发挥作用。需要注意的是，不同方法差异较大，适用范围不同。在多年冻土区开展物理勘探，勘探重点为多年冻土的分布特征时应优先考虑电法勘探方法，对多年冻土层上、下限的勘探应采用多种电法联合探测，方可取得良好的效果。

地震法：它是通过对岩石弹性性质的研究来解决地质构造问题的。通过人工激发所产生的地震波在地壳内传播，当遇到弹性性质不同的分界面时，在界面上将引起反射和折射，利用地震仪记录波到达地面的时间，再结合波的传播速度资料，就能推算出地下不同岩层分界面的埋藏深度、倾角等产状要素，从而了解地层的构造形态。在富冰、饱冰和含土冰层分布的多年冻土区，土体冻结后地质体的弹性特征在土体冻结前后均有很大变化，因此地震勘探方法在冻土分层方面勘探效果较好，可以用于多年冻土上限深度的勘探。

电法：它是以岩（矿）石间电磁学性质及电化学性质的差异作为物质基础。在不同的应用对象中，采用不同的变种或分支方法。由于地质勘探的自然条件多种多样，故电法勘探的变种方法也较多。通常可将电法勘探的许多变种方法分为两大类，即传导类电法和感应类电法。由于土层冻结前后电磁性质、电化学性质产生较大差异，因此电法可用于冻土勘探。

8. 经验公式法

经验公式通常是利用冻结或融化深度和某些（通常是某一个）相关性因素（积雪、冻结指数、传入土中的热流等）之间的相关关系经过简化或统计整理而成。经验公式的形式简单，参数容易取得。这类公式的主要缺点就是其局限性，经验公式只适用于取得用以建立该公式的资料的那些地区，而且只能在式中参数的最大值与最小值所限定的范围内使用。

1）斯蒂芬公式

斯蒂芬公式（Stefan solution）利用多年冻土区融化指数估算活动层厚度，是一种比较直接、简单的计算方法。斯蒂芬公式表达如下：

$$Z = \sqrt{\frac{2\lambda_t N_t \text{DDT}_a}{\rho_d w L}} \tag{5.3}$$

式中，Z 为活动层厚度（m）；λ_t 为融土的导热系数（W/（m·℃））；N_t 为融化期的 N 系数；DDT_a 为气温的年融化指数（℃·d）；ρ_d 为土壤干容重（kg/m³）；w 为土壤含水量；L 为融化潜热（J/kg）。

对于同一地区，土壤参数的年变化较小，斯蒂芬公式可以简化为 $Z = E\sqrt{\text{DDT}_a}$，其中 $E = \sqrt{\frac{2\lambda_t N_t}{\rho_d w L}}$，为表征土壤水热的参数。

需要指出的是，土壤参数如导热系数、干容重、土壤含水量的准确与否直接影响式（5.3）的估算精度。研究表明，给定下垫面的 N_t 存在年际和季节的变化，当有地表 0cm 温度的连续观测，推荐直接计算地表 0cm 融化指数（即 $N_t \times \text{DDT}_a$）。斯蒂芬公式的有效性在全球多年冻土区得到了广泛的验证。

2）库德里亚采夫公式

库德里亚采夫公式是一种半经验模型，把复杂的气候–冻土系统分为一系列的独立的层（如大气、积雪、植被覆盖、活动层等），并将各层按不同的热学性质来计算，从而能够比较准确地模拟多年冻土区的活动层厚度情况。

模型中假定某一时刻的气温值可以表示为

$$T_a(t) = \overline{T_a} + A_a \cos[2\pi(t/P)] \tag{5.4}$$

式中，$\overline{T_a}$ 为年平均气温；A_a 为气温变化幅度；t 为时间；P 为温度变化周期（1 年）。季节融化或冻结深度表示为

$$Z = \frac{2(A_s - \overline{T_z})\left(\sqrt{\frac{\lambda P C}{\pi}}\right) + \dfrac{Q_L(2A_z C Z_c + Q_L Z)\left(\sqrt{\frac{\lambda P}{\pi C}}\right)}{2A_z C Z c + Q_L Z + (2A_z C + Q_L)\left(\sqrt{\frac{\lambda P}{\pi C}}\right)}}{2A_z C + Q_L} \tag{5.5}$$

式中，

$$A_z = \frac{A_s - \overline{T_z}}{\ln\left(\dfrac{A_s Q_L/2C}{\overline{T_z} + Q_L/2C}\right)} - \frac{Q_L}{2C} \tag{5.6}$$

$$Z_c = \frac{2(A_s - \overline{T_z})\left(\sqrt{\frac{\lambda P C}{\pi}}\right)}{2A_z C + Q_L} \tag{5.7}$$

式中，Z 为融化或冻结深度；A_s 为地表温度年变化幅度；$\overline{T_z}$ 为融化深度处的年平均温度；λ 为土壤导热系数（W/（m·℃））；C 为土壤的体积热容量（J/（m·℃））；Q_L 为体积融化潜热（J/m³）。

3）其他经验公式

其他一些估算活动层深度的经验公式可采用计算季节冻结或融化深度的公式，列于表5.3。在具体应用时，这些经验公式均有一定的适用条件。

表5.3　部分经验公式汇总表

学者	公式	备注
布德尼科夫	$h_f = 2\lambda_f \sqrt{\sum T_a}$	适用于裸露土层
斯托琴科	$h_f = K\sqrt{\sum T_a} - 2s$	适用于裸露土层
科洛斯科夫	$h_f = K\sqrt{\dfrac{\sum T_m}{\sqrt{\overline{T_a}W}}}$	适用于裸露土层
拉普金	$h_f = 27.4\sqrt{\sum T_m + 2}$	适用于裸露砂黏土
拉普金	$h_f = 31.2\sqrt{\sum T_m + 2}$	适用于既无植被又无积雪的砂黏土、粉砂土、细砂土
拉普金	$h_f = 5\sqrt{\sum T_a}$	适用于裸露砂黏土

表5.3所列公式中：h_f 为季节最大冻结或融化深度；λ_f 为冻土或融土的导热系数；$\sum T_a$ 为冻结期或融化期日平均气温总和；$\sum T_m$ 为月平均气温总和；K 为经验系数；S 为12~2月的平均积雪厚度；$\overline{T_a}$ 为年平均气温；W 为气候湿润指数。

☾ 5.2.2　多年冻土下限深度的确定方法

多年冻土下限的确定方法包括直接判定的钻探法和间接估计的测温法、统计法、物探法（如瞬变电磁法、地震勘探法、地质雷达等）等方法。直接方法能够最准确判定多年冻土下限，但由于昂贵的代价，实践中应用更多的是后三种间接的估计方法。

1. 钻探法

钻探法是确定多年冻土下限深度的直接方法。多年冻土钻探达到一定深度后，岩心不再冻结，这个深度即可大致判定为多年冻土下限深度。在确定岩心冻结与否时，应注意钻探过程中是否长时间缓慢钻进或循环水的加入，此时冻结岩心可能会因这些扰动而完全融化，造成岩心冻结状态判读错误。另外部分钻孔在钻探过程中会有地下承压水涌出，地下水水位位置往往是多年冻土下限位置。由于多年冻土厚度较大，采用钻探法确定多年冻土下限成本高、效率低，有时误差也较大，因此，利用钻探法确定多年冻土厚度大多与测温法配合使用。

2. 测温法

多年冻土层下部地温为 0℃ 的深度即为多年冻土下限深度。普通的多年冻土调查工作中，受钻探经费的限制，大部分钻孔深度达不到多年冻土下限深度，但如果测温深度大于多年冻土地温年变化深度，并能够大体确定年变化深度之下的地温梯度，就可以用地温梯度公式推算多年冻土下限深度。

$$H_0 = -\frac{T_{cp}}{g} + h \tag{5.8}$$

式中，H_0 为多年冻土下限深度；T_{cp} 为选取深度处多年冻土温度（一般超过年变化深度）；g 为选取深度处以下地温梯度；h 为选取地温深度。地温梯度 g 一般可以通过附近多年冻土区年变化深度以下两个以上的温度值进行计算。图 5.15 为国道 214 沿线长石头山区域地温曲线。选取 20m 深度处的地温（−0.79℃）为地温计算点，20m 以下地温梯度为 0.0368℃/m。由公式（5.8）计算推测此处多年冻土厚度约为 41.5m。测温法更注重调查区域甚至调查点多年冻土厚度的推算。

如果 T_{cp} 取年平均地温，需要注意年平均地温在气候变化背景下多年尺度是可能发生变化的，在应用公式（5.8）时，应该取最近年份的 T_{cp}。如果只有利用较远年份的 T_{cp}，应该在应用该公式前，结合该区冻土退化的实际情况进行校正。

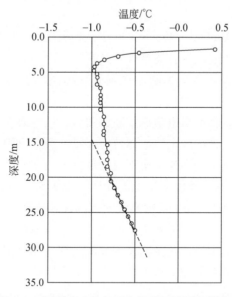

图 5.15　国道 214 线长石头山地温随深度的变化

3. 统计法

统计法是根据较大区域多年冻土下限深度的调查结果，经统计而得到的相关关系。它表征一个区域多年冻土厚度与多年冻土年平均地温之间存在的趋势性关系。因此，统计法通常用于初步估算某个调查区域多年冻土厚度。

多年冻土厚度（H，m）与年平均地温（MAGT，mean annual ground temperature，℃）间的统计关系式为：

（1）青藏高原中东部：

$$H = 15.91 - 31.43 MAGT \qquad (5.9)$$

（2）青藏高原西部：

$$H = 15.84 - 27.17 MAGT \qquad (5.10)$$

仍然以图 5.15 地温曲线为例，此处多年冻土年平均地温为 -0.85℃，则根据公式（5.9）计算得到多年冻土厚度为 42.6m。此值与地温曲线推算结果接近。

另外，根据"青藏高原多年冻土本底调查"项目西昆仑典型区 15 个穿透多年冻土层的钻孔调查资料和应用瞬变电磁法（TEM）探测得到的下限，总结得到多年冻土下限与 10m 处地温存在如下良好的线性关系：

$$H = 13.708 - 29.068 T_{10m} \qquad (5.11)$$

统计法是基于大量调查数据而获得的平均状态，对于具体调查场地由于岩性、水分、地热等条件的不同，即使多年冻土年平均地温相同，多年冻土厚度也会存在较大差异。因此统计方法是一种粗略的估计方法，其精度很大程度上依赖于调查数据量的多少以及这些数据的代表性。

4. 瞬变电磁法

瞬变电磁法是一种重要的电法勘探分支方法，利用接地导线或不接地回线向地下发送一次脉冲电磁场，在一次场断电后，通过观测及研究二次涡流场随时间的变化规律来探测介质的电性特征。由于该方法是在关断一次场后观测纯二次场，不存在一次场干扰的问题，主要用于研究浅层至中深层的地电结构，是目前在能源、矿产、水文、工程、环境等领域广泛应用的物探方法。在取得电阻率拟断面图后，结合测线附近钻孔和地温资料对电阻率随深度变化进行判断，多年冻土层整体特征连续一致，电阻率沿测线方向变化小且一致，显著拐点处一般可以确定为多年冻土下限深度。

图 5.16 是苦海东南角某剖面电阻率拟断面图，电阻率沿整条测线多年冻土层变化不大，电阻率范围在 $100 \sim 800\Omega \cdot m$。根据测线附近的钻孔资料，3.6m 处见土壤冻块，块内见薄冰，向下岩心松散较干，故对应的电阻率值变大，从 $100\Omega \cdot m$ 增至数百 $\Omega \cdot m$，阴坡冻土层的电阻率大于阳坡电阻率，这主要是阴坡冻土层内相对阳坡冻土层内的含冰量大造成的。剖面起点位置由于地势低洼，地表较湿润，冻土层含冰量大，电阻率值偏大，形成一个相对高阻中心。同时可以看出 35m 左右深度，对应的 $150\Omega \cdot m$ 电阻率等值线附近，电阻率出现拐点，电阻率梯度变化变小，$150\Omega \cdot m$ 电阻率等值线对应为该点多年冻土下限深度，大概深度为 35m。

电阻率的变化有可能不是由于冰的变化造成，因此物探方法一般结合其他方法如钻探方法、测温估计法进行进一步校正。

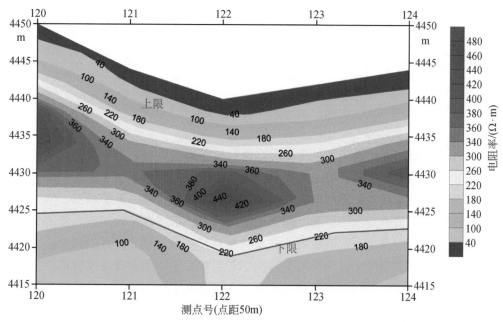

图 5.16　苦海东南角某测线电阻率拟断面图

5. 其他物探方法

物探方法因为无需直接接触，且能达到一定判断精度，近年来各种物探方法，如电法、电磁法、地震勘探法、地质雷达、测井勘探方法等，在判定多年冻土下限深度上均有应用。然而由于方法上的差异，不同方法的适用性也有差异。在具体应用时，应该结合对调查区域的先验知识进行必要预判，选择最合适的物探方法。

电法和电磁法：地下冰层与非地下冰或融土层间导电特征的差异是电法和电磁法被应用于探测多年冻土的基本原理。其中主要包括传统的直流电法、频域电磁法（FDEM）、时域电磁法（TDEM）、激发极化法（IP）、甚低频电法（VLF-R）和复电阻率法（CR）等。这些方法对多年冻土层电阻率的差异均具有一定反应，而这些方法的综合应用更能够得到良好的效果。

地震勘探法：冻融土的弹性差异是在多年冻土区开展地震勘探的重要物性基础，通过探测地下冰对不同波段的反射波谱特征和波的传输时间来确定是否存在多年冻土，并确定其埋藏深度、地下冰层的发育特征等。但在基岩多年冻土区或者是多年冻土下限低于基岩埋藏深度时，冻结与非冻结状态基岩的弹性模量没有太大差异，利用本方法不能确定多年冻土下限。

测井勘探方法：利用井壁周围物性特征的差异来进一步研究钻井剖面中岩性的变化情况、含冰层的性质及解决其他一系列问题的地球物理测井方法。主要包括视电阻率测井、自然电位测井、声波测井、核磁共振（NMR）测井等方法。合理运用测井方法可以弥补钻探取心率不足并且在有利的条件下可使钻探取心的工作量减到最低程度，甚至可以不取心，而且还可能提供更完善更充分的地质资料。因而可以节约资金、降低成本、加快勘探速度。

第6章 多年冻土区的气象观测与冻土水热特征监测

多年冻土监测是定量描述多年冻土特征及其与环境因子的关系、查明多年冻土的动态过程及预测其未来变化的基础，主要包括地面气象观测和地下冻土监测两部分。地面气象观测为有关气象基本要素的观测，包括常规气象观测和辐射平衡观测。地下冻土监测为有关多年冻土基本要素的观测，包括活动层的水热动态以及多年冻土的温度等。地面气象观测是对地球表面一定范围内的气象状况及其变化过程进行系统地、连续地观察和测定。选择典型多年冻土区布设气象观测场对影响多年冻土形成与发育的气象、气候因素进行长期定位观测不仅对定量研究多年冻土的形成过程和机理、气候变化对多年冻土的影响非常重要，同时对未来气候变化情景下多年冻土动态响应的预测研究及其环境效应评估十分必要。地下冻土水热特征监测是借助各种仪器对涉及活动层和多年冻土特征的各个要素进行长期连续的测量与记录。多年冻土区气象观测和冻土水热特征监测的信息和数据是开展多年冻土空间动态变化特征、多年冻土与气候变化相互关系以及多年冻土变化的工程和环境效应等科学研究的基础，是推动冰冻圈科学发展的原动力之一。

6.1 多年冻土监测场点的布设原则

为了了解多年冻土及其主要环境因子在特定空间的状态和变化情况，需要在典型多年冻土区布设监测场点进行长期连续的观测。目前有关多年冻土监测场点的空间布设主要包括两种形式，即剖面监测和区域监测两种空间布设形式。

6.1.1 剖面监测的布设原则

在多年冻土分布呈现经向、纬向或者随海拔而发生规律性变化的局部区域一般采用剖面监测的方式。剖面监测场点的布设原则首先应尽可能选取多年冻土特征变化最大的剖面建立，如剖面沿经度线（美国阿拉斯加大学多年冻土实验室沿阿拉斯加输油管道建立的纵贯整个阿拉斯加的多年冻土监测剖面、我国沿青藏公路（铁路）沿线建立的多年冻土监测剖面（图6.1））、纬度线或海拔变化的布设；其次是交通条件的便捷性。剖面监测的观测内容同样由地上和地下两部分组成，其中多年冻土区地面气象观测场点的布设必须满足中国气象局 2003 年发布的《地面气象观测规范》的要求：

（1）地面气象观测场应为东西、南北向，大小应为 25m×25m，有辐射观测的应为 35m（南北向）×25m（东西向）。受条件限制的高山站和无人站，观测场大小以满足仪器设备的安装为原则。

（2）场地应平整，保持有均匀草层（不长草的地区例外），草高不能超过 20cm。对草层的养护，不能对观测记录造成影响。场内不准种植作物。

（3）为保持观测场地自然状态，不得对原场地地表进行任何改造。有条件的人工观测场地，建议场内铺设 30~50cm 宽的小路，供观测人员行走；而现有全自动观测场内的人员活动频次较低，不建议人为铺设小径。为保护场内仪器设备，观测场四周应设置约 1.2m 高的稀疏围栏，布设围栏时应保持气流畅通。

（4）要保持场内整洁，经常清除观测场上的树叶、纸屑等杂物；剪除的草，要及时运出观测场。有积雪时，除小路上的积雪可以清除外，还应注意保护场地积雪的自然状态。

（5）降水较多的地区，四周可修建排水沟，以尽可能减少强降水时造成观测场内积水。排水沟的宽度约为 30~50cm，深度约为 20~30cm，并采取必要的安全措施。

（6）观测场的防雷必须符合气象行业规定防雷技术标准的要求。应尽可能在观测场内设置独立避雷针，使观测场仪器设备处于直击雷防护区内，具体安装应符合 GB 50057-1994《建筑物防雷设计规范》和《地面气象观测规范》的要求。

观测场点内仪器设施布置的具体要求有：

（1）各种仪器要注意互不影响，便于观测操作。

（2）高的仪器设施安置在场地北边，低的仪器设施安置在场地南边。

（3）各仪器设施东西排列成行，南北布设成列，相互间东西间隔不小于 4m，南北间隔不小于 3m，仪器距观测场边缘护栏不小于 3m。

（4）辐射观测仪器一般安装在观测场南面，观测仪器感应面不能受任何障碍物影响。

（5）观测仪器设备应按规定进行校验和检定，气象站不得使用未经检定、超过检定周期、或检定不合格的仪器设备。

（6）观测仪器设备应经常维护和定期检修，保证在规定的检定周期内仪器保持规定的准确度要求。

同时多年冻土区的地面气象观测还需要满足以下条件：

（1）依据剖面线长度和整个剖面气象特征的变化范围确定地上气象观测场点的数目；所有气象场应能够基本代表整个剖面的气象特征的变化，如气象要素沿经度、纬度或海拔地带性变化特征。

（2）每个气象观测场点所观测的要素值要能够反映场点周围一定范围内该要素区域平均状况的程度。该场点代表的区域平均状况范围越大，则认为该场点代表性越好。也就是说所布设的气象观测场点必须反映周围具有最大化区域的代表性，必须满足剖面上一定区域范围内主要气象特征指标的一致性。

（3）观测场点的四周要空旷平坦，避免布设在陡坡、季节性河流洼地或人类活动影响较大的区域。

地下冻土监测的布设原则主要有以下几个方面：

（1）每个冻土监测场点所观测的水热特征要素值要能最大范围地反映该区的区域平均状况。

（2）冻土监测场点应该位于地形地貌形态相对简单、水文地质条件比较均一、并且地表植被覆盖无显著变化的地方，避免布设在地形地貌变化较大的部位，如陡坡、季节性河流河床及有明显放牧活动的场地等。

（3）冻土监测场点的剖面布设应该尽可能反映该区域冻土水热特征的经度、纬度和海拔地带性规律，其布设的间隔能反映出一定的经度、纬度和海拔梯度。

（4）同时，每个冻土监测场点所处的地层和岩性应该尽可能反映该区域普遍一致的地质构造条件。

（5）冻土监测仪器应按规定进行校验和检定，并且经常维护和定期检修。

（6）一般来说，每一个地面气象观测场必须布设至少一个活动层观测点或者钻孔来观测活动层或者多年冻土的水热特征变化。

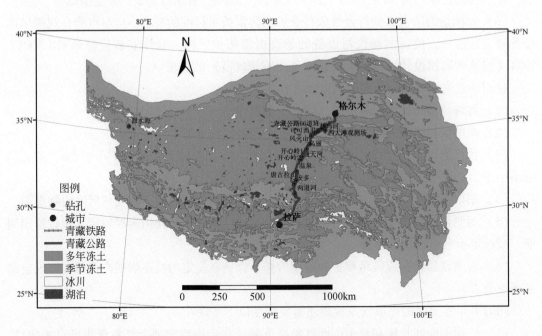

图 6.1　青藏公路（铁路）沿线多年冻土监测剖面

6.1.2　区域监测场点的布设原则

当多年冻土分布的变化受局地因子影响较大而在一定范围内呈相对无规律的变化时，一般采用区域布设监测场点的方式，如青藏高原多年冻土典型区监测场点的布设（图

6.2)。区域监测场点的布设首先应考虑场点的区域代表性，其次则是交通条件的便捷性。区域监测场点的观测内容同样包括地面气象观测和地下冻土监测部分。地面气象观测和地下冻土监测场点的布设也应该同时满足上述剖面监测场点布设的要求。此外，区域监测场点一般位于多年冻土与季节冻土分布的边界区或者连续分布的多年冻土区，要求各场点不但代表周围的最大化区域，而且最终又能反映出该区域多年冻土发生、发育与演化规律的差异。

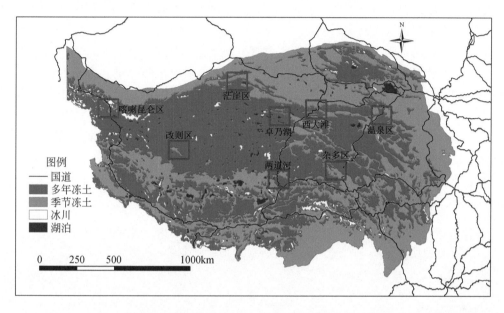

图 6.2　青藏高原典型区多年冻土监测场点的布设

6.2　多年冻土区的地面气象观测

多年冻土区地面气象观测场的选择一般需要注意其下垫面多年冻土的发育特征和地貌形态，并同时兼顾交通易达和便于维护等原则。多年冻土区的气象观测一般是通过布设自动气象站来获取长期连续的监测数据。多年冻土气象定位观测的主要内容包括：①影响多年冻土动态变化的气象因素；②多年冻土分布区地表的能量水分平衡因子；③多年冻土分布区地表的 CO_2 和 CH_4 等温室气体源汇特征。

6.2.1　自动气象站仪器的组成

自动气象站是一种能自动记录与存储气象观测要素数据的设备，由硬件系统和控制处理软件组成，硬件系统包括传感器、数据采集仪、通讯接口、系统电源、计算机等，控制处理软件包括数据采集软件和数据处理业务软件。

目前多年冻土区气象观测比较常用的国外进口的自动气象观测系统主要包括美国Campbell Scientific 公司生产的 CR 系列自动气象站、Onset Computer 公司生产的 HOBO 系列自动气象站和芬兰 Vaisala 公司生产的 MILOS 520 型自动气象站。国内生产的一些自动气象站也可以满足多年冻土常规气象观测的需要，如锦州阳光科技有限公司的气象环境监测系统；天津气象仪器厂和华创升达公司生产的 CAW600SE 型（带辐射接口）、CAW600SE-N 型、CAW600BS 型气象站；长春无线电研究所生产的 DYYZII 型和 ZYYZIIB 型气象站；江苏无线电研究所生产的 ZQZ-CII 型和 ZQZ-IIB 型气象站；广东省气象技术装备中心生产的 ZDZII 型气象站。

多年冻土区的自动气象站应该满足对常规气象要素（风速风向、气温、空气湿度、气压、大气降水和降雪量）、地面红外辐射温度、地面辐射平衡四分量（向下和向上长、短波辐射）、积雪厚度、浅层土壤温度、土壤湿度、土壤热通量的观测。如果条件允许，最好建立气象梯度观测，对风速风向、气温、空气湿度进行两层（观测高度分别为 2m、4m）或三层（观测高度为 2m、4m、10m）的观测（如在青藏高原西大滩和唐古拉布设的自动气象站，图 6.3 和图 6.4）。

为更准确掌握典型多年冻土区地表能量的收支、分配状况及多年冻土区碳循环过程，如果有可能，建议增加涡动通量观测系统。

图 6.3　西大滩自动气象观测场全景

图 6.4　唐古拉自动气象观测场全景

6.2.2　自动气象站仪器的安装

有关自动气象站的场地建设及设备安装可参照国家地面气象观测规范实施，但针对多年冻土区独特的气候环境特征和调查研究工作的性质，除上述要求之外，自动气象站的安装还应该注意以下事宜：

自动气象站系统一般由额定电压 12V 直流电的蓄电池供电，由配备充电保护的太阳能光伏电池板对蓄电池充电。如果蓄电池为铅酸电池，则外置的保护箱体不能密封，否则有爆炸的危险。

自动气象站系统中标有接地标志的仪器均应按照要求接地，并配备防雷设施。

仪器设备的安装过程中，要对各类传感器的信号线编号、归类并包扎整齐，对需要定期标定、容易破损并需要经常更换传感器的信号线进行单独包扎，以保证后期维护工作快速方便。

为了预防雷、鼠、水等因素对设备的破坏和安装、维修的方便，经过归类包扎的电缆线、信号线等应套入电缆保护管内，供电电缆与其他信号电缆应单独铺设。电缆保护管应埋设于地表下专用电缆沟内，电缆沟应便于排水、通风，两侧应砌砖墙，砖墙壁上预设安置电缆管的金属支架（或金属挂钩）。为防止电缆被积水浸泡，安置电缆的金属支架（或金属挂钩）距离地沟底的高度以不小于 30cm 为宜；电缆沟的宽度以 30cm 左右为宜，沟

的深度以便于安装电缆和防止大雨后积水为宜。此外，电线和信号线的连接应做好防水
处理。

6.2.3　自动气象站仪器的维护

自动气象站的维护可分为部件故障的矫正性维护、预防性维护和适应性维护三类。当
硬部件出现故障或计算机程序因设计失误而失效时，需要进行矫正性维护。对于机械部件
等，需要进行清洗和润滑等预防性维护。而为了适应技术的飞速变化和备件供应缺少等问
题，需要对原系统进行适应性维护，例如用新的部件代替原有部件、把程序和操作系统从
一种处理器移植到另一种处理器、连接到新的通信系统等。随着自动气象站电子部件的可
靠性不断提高，维护和校准传感器的需求可能会成为对自动气象站进行维护的一个主控因
素（崔讲学，2011）。

6.2.4　自动气象站仪器的校准

传感器，特别是带电子输出的自动气象站的传感器，会随时间出现准确度漂移。因此
需要进行周期性的检查和校准。原则上，校准周期是根据厂家提供的漂移规律和所需的准
确度要求来确定的。由于信号加工模块、数据采集和传输设备也都是组成整个测量链的环
节，它们的稳定性和修正业务也需进行控制或周期性校准。校准一般应包括以下三个
环节：

（1）初始校准：在自动气象站订货和安装以前进行。主要是验证厂家所提供的技术指
标，测试自动气象站的总体性能，验证仪器的运输过程有没有对仪器的测量特性造成
影响。

（2）现场校准：利用移动标准在气象站上对自动气象站的传感器进行周期性的相互比
对。在现场比对期间，移动标准应安装在与传感器相同的环境条件中。移动标准具有与自
动气象站测量系统相似的过滤特性，最好带有数字式读数器。为了防止移动标准在运输过
程中可能出现的准确度变化，也可以使用两套同类标准；移动标准的精度必须远高于自动
气象站的传感器。由于信号修正模块和数据采集设备（如 A/D 转换器）也会出现性能漂
移，须使用合适的电气标准源和万用表，确定仪器异常情况。

在现场标定前后，移动标准和标准信号源应与实验室中的工作标准进行比对。当测出
准确度有偏差时，应由维护部门进行处理。

（3）实验室校准：在现场检查中，如发现准确度偏差已经超出了规定范围的仪器和经
过维修过的仪器，均须送到实验室进行校准后才能重新使用。传感器的校准是在一个能控
制的环境（环境箱）中，借助合适的工作标准进行的。这些工作标准要定期与二级标准进
行比对和校准。也应注意对组成测量和遥测系统的不同部分进行校准，特别是信号修正模
块的校准。这涉及合适的电压、电流、电容和电阻标准，合格的传输测试设备，高准确度
的数字式万用表。在校准过程中需要高准确度的仪器和数据采集系统。当某个传感器或模

块在现场维护中安装或更换到某个自动气象站上时，应重新计算出新的校准常数，并输入自动气象站。

校准实验室中使用的二级标准，必须按照比对时间表与本国及世界气象组织的国际或区域一级标准定时进行比对。

6.2.5　自动气象站观测的要素及参考仪器

1. 气压

每 5 分钟采测一个气压值，每 30 分钟采测 6 个气压值，每 30 分钟取一次平均值存储。数据记录保留一位小数。

目前常用的气压测量仪器主要有 CS105 大气压传感器和 CS115 大气压传感器。CS105大气压传感器是芬兰 Vaisala 公司的一种大气压传感器（图 6.5a），它被封装在一个铝制的外壳里，外壳上有一个进气管，以保持内外气压平衡。传感器的模拟输出电压可以表征气压的大小。CS105 量程为 600~1060mB（hPa），观测精度 20℃时为±0.50mB。CS115 大气压传感器是美国 DRUCK 公司的一种利用回声硅技术测量大气压力的传感器（图 6.5b）。它输出的频率在 600~1100Hz，其启动和测量时间总共不超过 2s。CS115 量程为 600~1100mB（hPa），观测精度 20℃时为±0.30mB。

a. CS105大气压传感器　　　　　　　b. CS115大气压传感器

图 6.5　大气压传感器

2. 气温和相对湿度

每 5 分钟采测一个温度和湿度值，每 30 分钟采测 6 个温度和湿度值，平均后作为半小时数据存储。气温数据保留 1 位小数，相对湿度取整数值。

HMP45C 温湿度传感器包括一个铂电阻温度探头和一个容性相对湿度传感器（图6.6），主要用来测量空气温度和湿度，布设高度分别为 2m、5m、10m。温度探头量程为−40~60℃，精度±0.5℃。相对湿度量程为 0~100%，在 0~90% RH，精度为±2.0%，在

90%~100% RH，精度为±3.0%。

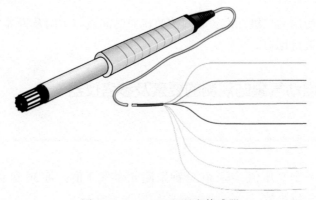

图 6.6　HMP45C 温湿度传感器

3. 风向与风速

每 5 分钟采测一个风速和风向值，每 30 分钟采测 6 个风速和风向值，平均后作为半小时数据存储。风速数据保留 1 位小数，风向取整数值。

由于多年冻土区气候严寒，转动的风杯风速传感器的传动部分易被低温雨雪、乃至冷凝的露水等冻结而不能转动，因此，建议采用二维超声波风速仪进行风速、风向观测（图6.7，表 6.1）。英国 Gill 公司的 WindSonic 超声波风速仪质量轻，其坚固的高强度结构设计在安装和使用时无需担心损坏。此外，WindSonic 超声波风速仪无需昂贵的现场校准或维护，以及其抗腐蚀的外表面，使得其在寒冷环境中的工作能力十分出色。

图 6.7　二维超声波风速仪

表 6.1 二维超声波风速仪

风	速	风	向
风速范围	0~60m/s (116 Knots)	风向范围	0°~359° (无死角)
精度	+/-2% @ 12m/s	精度	±3° @ 12m/s
分辨率	0.01m/s (0.02 Knots)	分辨率	1°
反应时间	0.25s	反应时间	0.25s
最低值	0.01m/s		

此外，014A 风速传感器与 05103 风速风向传感器也可以作为风速与风向测量的备选产品。

014A 风速传感器有 3 个风杯（图 6.8a），通过磁场控制一个干簧管，可以测量 0~45m/s 的风速。014A 风速传感器工作温度：−50~70℃，精度为 0.11m/s。常用来测量 2m 和 5m 风速。

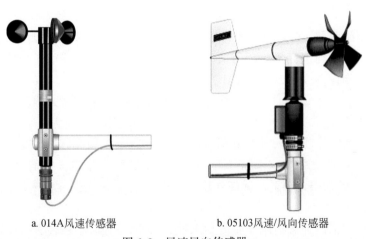

a. 014A风速传感器　　　　　　b. 05103风速/风向传感器

图 6.8 风速风向传感器

05103 风速风向传感器测量水平方向的风速和风向（图 6.8b）。该传感器具有耐用、抗腐蚀、重量轻、测量精确等很多优点，布设高度为 10m。05103 风速风向传感器可以测量 0~60m/s 的风速，风速精度达±0.3m/s，风向精度达±3°。

4. 降水

液态降水，每 30 分钟存储一次观测间隔内的降水量，降水量数据保留 1 位小数。许多自动气象站采用 T-200B 来测量降雨量。T-200B 是一种通过称重传感器来计算降水的雨量计（图 6.9）。其优点是容易安装维护、自动降水记录、系统所获数据对外提供接口及不需要内部加热等等。T-200B 测量量程为 0~600mm，精度为 0.1mm。

图 6.9　T–200B 称重式雨量筒

5. 辐射与光量子通量密度

总辐射、反射辐射、净辐射、紫外辐射和光合有效辐射每 5 分钟测量 1 次，每半小时采测 6 次辐照度取平均值存储。辐射值（W/m²）数据取整数。辐射一般用 CNR1 净辐射传感器来测量，布设高度为 2m。CNR1 净辐射传感器有两个半球形 180°视觉范围的能量接收窗，一个朝上，一个朝下（图 6.10a）。CNR1 被设计用来测量来自这两个接收窗的能量。被测量的光谱范围大概为 0.3 ~ 3μm。这个光谱范围既覆盖了太阳光辐射，0.3 ~ 3μm，也包括了远红外辐射，5 ~ 50μm。CNR1 分开测量太阳光辐射和远红外辐射。太阳光辐射是用两个 CM3 光强度仪来测量的，朝上的 CM3 测量来自天空的太阳光辐射，朝下的 CM3 测量反射的太阳光辐射。远红外辐射是用两个 CG3 光强度仪来测量的，朝上一个的 CG3 光强度仪测量来自天空的远红外辐射，朝下的一个 CG3 光强度仪测量来自土壤表面的辐射。一个内置的加热器用来加热 CNR1，防止露或霜凝结在传感器上。

观测光量子通量密度（PFD）的光电型辐射表工作原理是当一定波长的光照射半导体光电器件时，半导体产生电子移动，产生电流，光照射强度与其输出的短路电流成正比。常用的测量光量子通量密度的仪器有 LI-190SZ 光量子表（图 6.10b），布设高度为 2m。光量子通量密度每 5 分钟采测 1 次，每半小时采测 6 次取平均值存储。光量子通量密度单位为 μmol/（s·m²），数值取整数，小时累计光量子通量密度（mol/m²），保留 3 位小数。

a. CNR1净辐射传感器　　　　　　　　　　　b. LI190SB光量子表

图 6.10　辐射与光量子通量密度测量仪

6. 地表温度

每 5 分钟采测一个地表温度值，每 30 分钟采测 6 个地表温度值，平均后作为半小时数据存储。地表温度数据保留 1 位小数。地表温度一般用 IRR-P 红外温度传感器来测量。

IRR-P 是由一个热电堆和一个热敏电阻构成（图 6.11），其中热电堆是用来测量介质表面温度的，热敏电阻是用来测量传感器的自身温度的。两种温度探头都被放置在一种包裹式铝制导管内，该导管含有一个锗制镜。热电堆和热敏电阻输出的都是毫伏电压信号，数采仪把测得的毫伏电压信号，运用在 Stefan-Boltzman 方程中，就可以纠正传感器自身的温度对测量的目标温度造成的影响，从而得出校准后的测量值。IRR-P 测量地表温度的精度在 −10 ~ 65℃时为 ±0.2℃；在 −40 ~ 70℃时为 ±0.5℃。

图 6.11　IRR-P 红外温度传感器

图 6.12　SR50 超声测距探头

7. 雪深

每 5 分钟采测一个雪深值，每 30 分钟采测 6 个雪深值，平均后作为半小时数据存储。雪深数据保留 1 位小数。雪深一般用 SR50 超声测距探头来测量，布设高度为 2m。SR50 超声测距探头是测量从探头到所测平面的距离，通常用来测雪深和水平面（图 6.12）。靠发射 50Hz 的超声波来进行测量。主要原理是通过发射一个声学脉冲，然后再接收这个回波，并记下这个传播过程的时间。因为声波在一定温度下的传播速度是一定的，所以通过测量传播时间、空气温度就可以计算出这段距离。SR50 测量范围为 0.5 ~ 10m，精度达 ±1.0cm。

6.2.6　涡动相关的观测规范及参考仪器

近年来，多年冻土区地表与大气间能量、水分和 CO_2 等交换过程的研究得到迅速发展，涡动相关通量观测系统也越来越多地用于多年冻土区近地表层水、热、CO_2 等通量的直接测量，涡动相关方法（或涡动协方差方法，简称 EC）是当前地气交换研究中最先进和首选的通量观测方法。涡动相关方法的基本原理是通过快速测定大气的物理量（如温度、湿度、CO_2 浓度等）与垂直风速的协方差来计算湍流通量，它是基于大气湍流理论和数据统计分析相结合的一种技术。

涡动相关通量系统的基本设备主要包括一个三维超声风速温度仪（SAT）以及一个快

速响应红外线气体分析仪（IRGA）。目前可供选择的三维超声风速温度计有 Campbell Scientific Inc.（CSI）的 CSAT3，Gill 的 Solent R2、R3 等，METEK USA-1，R. M. Young 81000 系列，以及 ATI, Kaijo-Denki 等厂家的产品。由于不同厂家传感器结构上的差异，对环境流场的扰动略有不同；所测声虚温也有 5%～10% 的差别。但总的说来每种仪器都有其优点和缺点；经过必要修正后的风、温等数据仍基本一致。红外气体分析仪（IRGA）CO_2/H_2O 测量系统，有 LI-COR 生产的 LI-7000（闭路），LI-7500（开路），以及最新研发的兼具开路和闭路优点可以在降水等环境下应用的 LI-7200 等。国内近年应用较多的是 CSI 开路涡动相关通量系统，包括三维超声风速温度仪 CSAT3 和红外气体分析仪 LI-7500，以及相匹配的数据采集系统和预处理软件等。2011 年 CSI 新开发的包括 EC150 CO_2/H_2O 分析仪和 CSAT3A 三维超声风速温度仪组成的开路涡动相关通量系统，传感器结构紧凑，风速测量与 CO_2/H_2O 测量之间具有更好时间同步性。

多年冻土区涡动相关系统仪器的安装说明以常用的 CSAT3 和 LI7500 传感器为例（图 6.13）。CSAT3、LI7500 等传感器安装在塔或三角塔上。这些传感器都配有专用的安装支架，安装高度依研究者目的而定，一般安装高度是 3m。CSAT3 探头朝向主风向，先大致拧紧万向节，用内六角固定好支架，高度确定后，再调节超声风速仪的水平泡居中，用扳手稍微拧松万向节，注意要拿稳超声探头的尾部，调节水平泡居中，拧紧万向节。LI7500 探头稍倾斜，以便降雨时水滴能顺利滑落，建议 LI7500 与 CSAT3 的感应面选在同一高度，相距 20～30cm。CSAT3 超声风速仪与 LI7500 CO_2/H_2O 红外分析仪各自的控制部分的电缆接头均为防水插头，安装时应注意电缆不要绷得太紧，以免接触不良。CR5000 数据采集器与电池等应置于机箱中。机箱体积较大，为避免对风场形成较大影响，机箱应离传感器一定距离，并位于传感器的主风向下方。

图 6.13　涡动相关通量系统的组成

6.3　活动层监测

活动层监测的主要目的是获取活动层厚度、活动层的冻结融化过程、活动层中不同深度土层的温度、水分及能量的分布和动态变化过程等信息。因此，活动层监测通常所包括的内容包括活动层内部不同土层的温度、湿度、地表热通量；此外，还应该对冻融过程中活动层内部不同深度土层的热物理性质进行现场观测，如对土壤导温率、导热率、热容量等参数的测量。本部分主要介绍活动层温度、水分和土壤热通量观测仪器的布设和测量方法。

6.3.1　活动层观测场点的安装

在按照本章 6.1 节观测场点布设原则选择好活动层监测场地之后，即需要开始观测设备的安装。活动层观测的传感器一般安装在土壤剖面的不同深度，因此，活动层观测仪器的安装之前首先要挖掘土壤剖面，具体土壤剖面设置的具体要求参见第 4 章有关土壤剖面的挖掘、描述、记录、取样方法。此外，活动层观测仪器的安装还需要注意以下事项：

（1）活动层仪器的安装时间一般选择活动层融化达到最大深度的时间，在青藏高原一般来说为 10 月下旬至 11 月上旬，但考虑到部分气候严寒地区这个时间段地表已经开始冻结，土壤剖面挖掘困难，一些场点活动层仪器的安装也可在 9 月下旬进行，但挖掘时需要尽可能将土壤剖面挖掘到季节融化深度以下 20cm。

（2）活动层观测所挖掘的土壤剖面深度一般应该大于活动层厚度 20cm。

（3）土壤剖面挖掘工作完成以后，需要对成型的剖面进行清理以便进行各种观测仪器的安装，在对成型土壤剖面进行清理时需要注意最大限度地保持原来土壤剖面的层次和完整性，尽可能减少对土壤自然剖面的人为扰动。

（4）在对土壤层进行了清理、描述、记录、取样后，即可以逐层从活动层底部至地表自下而上安装传感器，其中最底部的温度和水分传感器必须安装在多年冻土上限之下至少20cm 深度以下，以确保能够监测到不同年份活动层水热状况的变化。

（5）活动层温度和水分监测剖面层数和各层的埋设位置主要取决于研究内容的需要。一般来说，活动层观测布设 5 层，在需要进行活动层水热过程模拟时可以适当增加层数以满足研究需要，其层次划分主要根据土壤的结构和质地来确定，参见示意图（图 6.14）和实地布设图（图 6.15）。

（6）传感器安装注意事项：最好用专用工具（常用的改锥或者锉刀）插入土壤剖面内部，形成一个与传感器形状和大小尽可能一致的空间以保证传感器与土壤紧密接触；各传感器的排列应该注意整齐有序；此外，传感器插入土层时，周围应该尽可能填充该土层相同性质的土壤，安插传感器时应该尽量不要选择有大量石块的土层。

（7）在完成各种传感器的安装工作后，应该马上进行测试，以保证各传感器正常工作。如果遇到传感器不工作或者工作异常的情况，应该即时排除故障以确保各传感器正常工作后再进行土坑的回填。

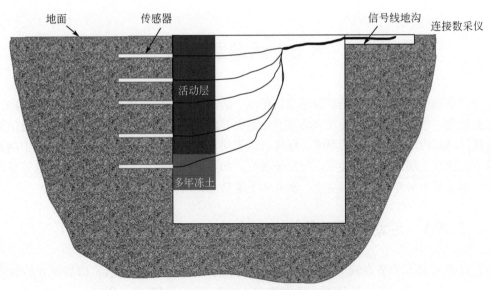

图 6.14　活动层传感器埋设剖面示意图

图 6.15　活动层土壤热通量、温度和水分监测剖面

（8）在进行土坑回填工作时，各种连接通讯线不要折曲，尽可能使各种连接线自然弯曲，尽量避免各种连接线绷紧的状态。从传感器延伸出来的通讯线要尽可能远离传感器剖面，以减小扰动。在进行土坑的分层回填工作时，应尽可能使回填土与该层土壤性质一致，以保证观测能反映原状土的水热特征。

（9）对应于各气象要素的数据采集频率，数采仪采集活动层温度、水分和土壤热通量数据的频率应设置为每 30 分钟采集一次数据。

（10）由于布设活动层观测剖面时，人为影响了剖面土层的水热状况，一般认为，活动层土壤剖面在挖掘回填一年以后大致能恢复到与周围土层一致的水热状况。因此，活动层观测场点安装完成后，所观测到的数据要经历一个完整的冻融周期后，采集数据才可以使用。

6.3.2　活动层温度监测

活动层温度监测常用的温度探头型号主要有热电偶和热电敏两种类型。热电偶是温度测量仪表中常用的测温元件，它直接测量温度，并把温度信号转换成热电动势信号，通过电气仪表（如美国生产的 FLUKE 万用电表）转换成被测介质的温度。

105T 热电偶温度传感器用来测量水或土壤温度（图 6.16）。105T 是一个由两根不同的金属线组成的 T 型热电偶传感器（铜/镍），这两个金属线的末端连在一起。热电偶传感器的输出电压取决于金属连接点的温度。105T 热电偶温度传感器的观测精度为±0.1℃。测量土壤温度时，105T 应埋在土壤里。105T 探头应水平插入土壤中。当土壤过硬时，不应直接拿探头往土壤里插，以免损坏探头。应先用专用工具（常用的改锥或者锉刀）在土壤中挖一个小孔，孔的大小以刚好插进探头为宜，尽可能使探头贴紧土壤。当有多层传感器安装在一起时，注意各层之间尽量避免互相影响，应留有足够的间距。

图 6.16　105T 热电偶温度传感器

Campbell Scientific Inc.（CSI）生产的 109 型土壤温度传感器（图 6.17），是一种高精度热敏电阻测温仪，也可以用来精确测量活动层的土壤温度。该型温度传感器用途广泛，可适用于较恶劣的环境。它由一个封装在环氧树脂中的热敏电阻组成。其外层包裹有铝制外壳，使传感器既能埋入土中，也可以完全浸入水里。该型传感器能够连接 Campbell 公司生产的所有型号的数据采集器。其中，CR200 系列数据采集器对 109 型温度传感器有一个专门的指令。109 型温度传感器具有不锈钢外壳，在恶劣的、具有腐蚀性的环境中依然能正常使用。109 型温度传感器的观测精度为小于±0.03℃。

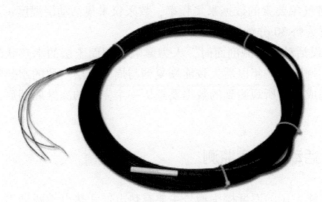

图 6.17　109 型热敏电阻温度传感器

6.3.3　活动层水分监测

活动层水分长期监测主要通过连接自动数据采集仪与各土层含水量传感器实现。目前在多年冻土区比较常用的测量土壤含水量的方法有以下几种。

1. 中子仪水分测定法

中子仪基本原理是通过中子源放射出的中子与土壤水分子中的氢原子核发生碰撞而损失能量，降低运动速度，这种碰撞直到中子能量降到与周围土壤水分子达到热平衡为止，测得此时的热中子数就可推算土壤含水量。受土壤质地和容重的影响，室内外校准曲线差异较大，同时中子仪设备昂贵，又需专门的防护设备，一次性投入大，特别是对人体存在潜在的辐射危害，因此并不能广泛应用。

2. γ射线法

与中子仪类似，γ射线透射法利用放射源[137]Cs 放射出 γ 线，用探头接收 γ 射线透过土体后的能量，与土壤水分含量换算得到。γ射线法与中子仪具有许多相同的优点，且比中子仪的垂直分辨率高，但是 γ 射线也危害人体健康。

3. 时域反射法

时域反射法也称 TDR（Time Domain Reflectometry）法，它是依据电磁波在土壤介质中传播时，其传导常数如速度的衰减取决于土壤的性质，特别是取决于土壤中含水量和电导率。

4. 频域反射法

频域反射法即 FDR（Frequency Domain Reflectometry）法，该系统是通过测量电解质常量的变化量测量土壤的水分体积含量，这些变化转变为与土壤湿度成比例的毫伏信号。

时域反射法在活动层水分监测中最常用，具有技术成熟，精度高，便于携带的优点。常用的活动层水分监测传感器有 TDR-100 型土壤水分测试仪和 HYDRA 土壤水分传感器。

土壤水分测试仪 TDR-100 基本工作原理是两个电极插入到土壤中，发射出电磁波。反射波速度与土壤水含量正相关。TDR-100 土壤水分测试仪观测精度达±3%。

HYDRA 土壤湿度传感器由高频（50MHz）电容测量出土壤介电常数从而得出土壤湿度和盐分，并有一个热敏电阻置于其内部用于测量土壤温度（图 6.18）。HYDRA 土壤湿度传感器由三个主要部分：多线电缆、传感器体、插针构成。插针由周围三根中间一根的式样组成，用于测量土壤的介电常数。HYDRA 软件能快速地将电压值转换生成土壤水分、盐分和温度等的数据。HYDRA 土壤湿度传感器观测精度达±3%。

图 6.18　HYDRA 土壤湿度传感器

6.3.4　土壤热通量监测

土壤热通量是指单位时间、单位面积上的土壤热交换量，它的单位为 $J/(cm^2 \cdot min)$ 或 W/m^2 或 kW/m^2。土壤热通量的方向和大小，决定了土壤得失热量的多少，它直接影响到土壤温度的高低和变化。活动层监测中土壤热通量观测仪器一般布设在地表以下 5cm、10cm、20cm 深度处。

HFP01 土壤热通量板是活动层监测中经常使用

图 6.19　HFP01 土壤热通量板

用的仪器。HFP01SC 土壤热通量板有一个热电堆和一个薄膜加热器。热电堆测量通过热通量板的温度梯度，薄膜加热器用来标定时生成一个通过热通量板的热通量。每个热通量板要分别标定。其量程为±100W/m²，观测精度为读数的3%。

HFP01 土壤热通量板的安装步骤如下：用小刀在土壤剖面壁上离地面布设热通量板深度处凿一水平槽，将热通量板水平地插入槽中，注意正反方向，然后将原先取出的土回填入热通量板与水平槽的空隙，热通量板必须与土紧密接触，否则会使测量值偏低。最后将热通量板引线与数采仪、供电设备连接。

6.3.5 土壤热特性的野外观测

土壤热特性主要包括土壤导热率、容积热容量、导温率。土壤热性质是决定土壤热状况的内在因素。通常情形下，土壤是由固、液、气组成的体系。因此，土壤的热性质随这三相物质组成比例的变化而变化。土壤热特征参数可由经验-半经验模型、数值方法、实验室测定等方法加以确定。常用的测量土壤热特征参数的方法有稳态法及瞬态法（邵明安等，2006）。

稳态法：对于均一土壤，在样品两端保持恒定的温差来测定导热率。但温差作用下土壤水分分布和热性质会发生变化，靠近暖端的土壤较初始条件下干，冷端则较湿，因此稳态法可用来测定干土的导热率，对于含有水分的土壤，稳态法只能给出近似值。

瞬态法：瞬态法由于加热时间较短，可避免测定土体水分运动或将其降低至最小，常用的仪器有 Thermo-TDR，TP08s，KD2 Pro 等仪器。以下以采用 KD2 Pro 为例说明测定土壤热特征参数的方法和注意事项。

KD2 Pro 使用瞬时线形热源方法进行测量，通过监测样品中给定某一电压的线形探针的热耗散和温度，计算物质的热特性。一个测量周期包括30s平衡、30s加热和30s冷却时间。在加热和冷却期间以1s为间隔进行温度测量，然后使用非线性最小二乘程序对测量结果进行指数积分函数拟合。对测量期间样品温度变化进行线性校正，以使测量精度最优化。

在布设热特性观测仪器时，应注意探针必须充分地与土壤结合，如果探针与所观测的土体结合不紧密会使观测值偏低。在野外作原位观测时要注意，在选取观测对象时，尽可能减小对观测对象的扰动，使观测对象保持原状，这样得到的结果才更接近于真实值。

6.4 多年冻土剖面温度监测

多年冻土地温观测是了解各地区多年冻土的上限、年变化深度、年平均地温及多年冻土厚度等特征指标以及多年冻土的发育和退化过程及其与冻土环境间相关关系的重要手段。

多年冻土层地温观测宜布设在观测场内的活动层观测点附近，这有利于研究分析季节活动层与多年冻土层的热流传递过程和关系。在不同地质地貌条件应设置冻土地温观测，且应设置 1~2 个控制性观测孔。控制性地温观测孔深度应超过多年冻土年变化深度（一般为 15~20m），并尽可能达到多年冻土下限。为研究地下热流对多年冻土的影响，将孔深延伸到多年冻土下限以下 5m 为宜。

地温观测孔的孔径不作硬性规定，应视观测仪器和观测点数而定。目前采用热敏电阻温度计（图 6.20）或铂电阻温度计作为感应元件的精度较高，通常可以达到 0.1℃。这种情况下，孔径可以小一些。若采用水银缓变温度计观测的话，每串的温度计不宜太多，如温度计数量太多则应分为几串，此时，观测孔的直径就应该大一些。不论何种直径的测温孔，都应使观测管外壁与土层间隙的回填密实。观测孔钻探完后应用粗砂回填，尽量不用或者少用砂砾石和土块回填。

冻土地温测点的布设原则上是在接近地表和多年冻土上限附近的部分应密一些，才能确定多年冻土上限的位置。冻土层地温测点布置一般采取 0m、0.5m、1.0m、1.5m、2.0m、2.5m、3.0m、3.5m、4.0m、5.0m、6.0m、7.0m、8.0m、9.0m、10.0m、12.0m、14.0m、16.0m、20.0m、25.0m、30.0m……的间距（图 6.21）。另外，为了解季节活动层的冻结-融化过程，在季节活动层内的地温测点也应密一些。对于手工观测地温而言，观测时间宜每月 3 次，最少不应少于 1 次。对于自动观测地温而言，则对应气象和活动层观测设置观测时间间隔为每 30 分钟采集一次数据。由于钻探活动的扰动，测温孔成孔后一年内的观测值仅作为地温恢复期参考数据，不作为正式观测数据。

图 6.20　高精度热敏电阻多年冻土测温探头

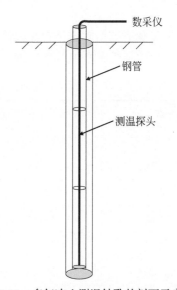

图 6.21　多年冻土测温钻孔的剖面示意图

6.5 数据质量控制和规范化

数据的质量控制是气象观测和多年冻土水热观测最重要的环节之一。数据质量控制就是检查和消除观测数据中的错误数据。质量控制分为基本质量控制和广延质量控制两种类型，前一种类型的质量控制通常是在采集器和业务终端内对从原始传感器输出到转换、处理成气象参量过程的各个阶段执行质量控制，后一种类型的质量控制是在外接终端微机或中心站对观测数据的完整性、正确性和一致性检查的质量控制。在严格按照各项规范进行野外观测的前提下，应从数据的正确性、一致性、完整性等各个方面对采集的所有数据进行全面、细致的审核，及时发现可疑、缺漏数据并采取相应的措施补救；同时对观测数据的整体质量进行评价，填写数据质量审核报告供使用数据的相关科研人员参考。

多年冻土区气象观测资料质量控制的一般方法有：合理界限值检查、气候学界限值检查、逻辑检查等。

（1）合理界限值检查：指观测记录必须具有合理性的检查。

（2）气候学界限值检查：指观测记录必须在气候学界限值之内的检查。气候学界限值是指从气候学的角度不可能发生的要素值。

（3）逻辑检查：指观测记录必须符合一定的逻辑规定的检查。

6.5.1 数据可接受的合理界限值检查

对每一个观测数据检查是否在其传感器的测量范围（表6.2）内，如果观测值不在其范围内，则该数据被舍弃，且该数据不能参与其后的相关参数的计算。

表 6.2 各要素气候学界限值表

要素	气候学界限值	要素	气候学界限值
本站气压	400~1080hPa	日极大风速	75m/s
海平面气压	400~1080hPa	日蒸发量	50mm
气温	−75~80℃	最大积雪深度	200cm
湿球温度	−70~70℃	最大积雪雪压	50g/cm²
露点温度	−90~70℃	地面温度（0cm）	−90~90℃
最大水汽压	70hPa	5cm 地温	−80~80℃
相对湿度	0~100%	10cm 地温	−70~70℃
日最大风速	65m/s	15cm 地温	−60~60℃

要素	气候学界限值	要素	气候学界限值
20cm 地温	−50 ~ 50℃	风向	风向只能是 0° ~ 360°
40cm 地温	−45 ~ 45℃	时间	0≤小时≤23，0≤分钟≤59
深层地温	−40 ~ 40℃	每小时日照时数	0 ~ 1h
最大冻土深度	600cm		

如果超出允许的界限，该值应标记为错误。

6.5.2　数据可疑变化率检查

当前数据与前一个数据进行比较，如果这两个数据之间的差大于某一阈值，则当前数据值当做可疑，并且不能用于平均值的计算。然而，它仍然可以用于检查数据的时间一致性。这就意味着新的数据仍然被可疑的数据检测，其导致的结果就是产生比较大的噪声，一个或者两个后续的数据都不能用于平均值的计算。在自动气象站具有连续数据要素的时间变化界限（差的绝对值）应该遵循表 6.3 的原则。

表 6.3　遵循原则

气温	2℃
气压	1hPa
相对湿度	10%
地表和土壤温度	2℃
风速	20m/s
太阳辐射	800W/m²

至少应该有 66%（2/3）的样本可用于计算一个瞬时（1min）值；对于风速，至少应该有 75% 的样本可以用来计算 2min 或 10min 平均值。如果可以用于计算瞬时值的样本少于 66%，那么当前的计算值就不能通过质量控制，而被标记为缺测，并且在以后的相关参数的计算中不能被使用。

6.5.3　数据逻辑一致性检查

多年冻土常规观测点各要素气象观测记录必须符合以下关系，不符合的记录是错误的记录。

（1）日最低气压≤定时气压≤日最高气压。

（2）日最低气温≤定时气温≤日最高气温。

（3）日地面最低温度≤定时地面温度≤日地面最高温度。

（4）定时风速≤日最大风速。

（5）日最小相对湿度≤定时相对湿度。

（6）干球温度≥湿球温度。

（7）定时温度≥露点温度。

（8）海平面气压≥本站气压（海拔<0.0m 的台站除外）。

（9）极大风速≥最大风速。

（10）冻土深度≥0cm 时，地面最低温度≤0.0℃（解冻时除外）。

（11）降水量≥0.0mm 时，应有降水现象或雪暴。

（12）积雪深度≥0cm 时，应有积雪现象。

（13）积雪深度≥5cm 时，应有雪压值。

（14）极大风速≥17.0m/s 时，应有大风现象。

（15）风向为"C"时，风速≤0.2m/s。

6.5.4　不正常观测记录处理

某次观测不完全正确或有疑误时，应根据这次观测前、后相关气象要素的变化情况和历史资料极值记录进行判断，当某次观测不完全正确但基本可用时，按正常记录处理；当某次记录有明显错误且无使用价值时，则按缺测处理。

在自动观测定时数据中，某一定时数据（降水量、风除外）缺测时，用前、后两定时数据内插求得，按正常数据统计；若连续两个或以上定时数据缺测时，不能内插，仍按缺测处理。自动气象站降水记录不正常时的记录处理时，若无降水现象，因其他原因（蚂蚁、风、人工调试等）或自动站故障而多记录时，应删除该时段内的全部分钟和小时降水量。风向风速（或其中一项）某时自记记录缺测时，应用其他风的自记记录代替；若无其他风的自记仪器时，应从正点前20min 至正点后10min 内，取接近正点的10min 平均风速和最多风向代替；若正点前20min 至正点后10min 内的自记记录也缺测时，风向风速按缺测处理。

第 7 章 | 常见冰缘地貌野外调查

冰缘地貌是地表岩土层经周期性的冻融作用而形成的独特地貌景观，其形成过程与寒冷的气候条件有着密切联系。现在活动的冰缘地貌现象大多与多年冻土的分布范围一致，因此，冰缘地貌常被用来作为指示现代多年冻土发育的标志，而冰缘地貌遗迹（古冰缘地貌）也是指示历史多年冻土存在与否及发育程度的重要标志。

7.1　冰缘地貌概述

在气候严寒地区，处于正负温度交替变化状态下的浅表层岩土由于温度应力、水分迁移和相变而引起的地层变形、变位等外在表观，称为冰缘现象，而这种现象发生的过程统称为冰缘过程（periglacial processes）。发生冰缘现象的区域称为冰缘（作用）区（带）。冰缘过程往往使得地面形态发生变化，从而形成冰缘区特有一些地貌类型，称为冰缘地貌（periglacial landform）。由于冰缘现象多发生在多年冻土区或深季节冻土区，与多年冻土的分布具有一定相关性，因此，冰缘现象往往可以直接指示多年冻土的存在，冰缘现象的类型、形态、规模等也往往与区域多年冻土的发育特征有关。一些冰缘地貌的遗迹往往指示历史时期的寒冷气候。在多年冻土调查中，注意观察和记录这些冰缘现象也是多年冻土调查的一项重要内容。

在常规的多年冻土调查中，一般要对所见冰缘地貌进行主要特征记录，包括：

（1）冰缘地貌类型：从外观和形态进行识别，一般通过不同观察方位的照片进行记录，如果可能，对一些照片难以表现和识别的地貌或受照片画幅限制不能完全表现其特征的冰缘地貌，绘制现场素描图。

（2）地理位置：包括地理坐标和高程，如果现场有大比例尺地图，在图上标注其位置。

（3）环境描述：记录该种冰缘地貌发育的地质、地理环境，包括地形特征、宏观地貌、水文条件、植被景观等。

（4）几何形态：测量并记录冰缘地貌的常规几何形态，对尺度较小的冰缘地貌，需要开展几何要素测量；对于一些规模较大、难以量测的冰缘地貌，借助图件等估计其发育规模。

（5）其他：对于一些对多年冻土分布和特征具有显著指示意义的特殊冰缘地貌，则需要进行更深入的测量和调查，其调查内容因冰缘地貌类型而异，具体见 7.2 节中所述。

7.2　常见的冰缘地貌特征及调查

不同类型冰缘地貌的形成过程不同，按照冰缘地貌形成过程中的主要作用营力，冰缘地貌可被划分为：寒冻风化-重力作用形成的冰缘地貌、融冻蠕流-重力作用形成的冰缘地貌、冻融分选作用形成的冰缘地貌、冻胀冻裂作用形成的冰缘地貌、热融扰动作用形成的冰缘地貌等。

7.2.1　寒冻风化-重力作用形成的冰缘地貌

一般在高山顶部由于频繁而强烈的气温变化，岩石对外界气温变化向内部传递滞后，因而在山顶基岩内外形成温差，受材料热胀冷缩热物理性质的影响，基岩内外会形成温度应力，导致岩块破裂；或者岩石内部裂隙水频繁冻结体积膨胀从而使裂隙扩展导致基岩破碎，这一过程称为寒冻风化。寒冻风化作用形成的破碎岩块在重力作用下沿山坡移动形成不同的冰缘地貌。

1. 冷生夷平面（冷生夷平阶地）（cryoplanation terrace）

（1）形成原因：寒区的山顶或山坡上，寒冻风化作用使得地面上突兀的岩石遭到破坏，从而形成一定范围内较平缓的区域。

（2）基本形态：高山区基岩裸露的平缓山顶，或山坡面上较平缓的坡折部位，有时形成台阶状山坡。

（3）发育部位：寒冻风化作用下的高山顶部或山坡部位。有些冷生夷平面已经停止活动，表面被植被覆盖。

（4）野外辨识：这是一类宏观地貌，寒区平缓的山顶，地形坡度不大于8°，或在正常山坡上形成底部平缓的凹形坡，坡度较整个山坡小很多，侧面看呈台阶状的地形（不包括山坡坡脚部位的凹形坡）。

（5）测量内容：发育位置（特别注意其发育的高度），台面宽度和阶面高度等几何要素，地面坡度（包括山坡整体坡度，阶地阶面和台面的坡度等）。

2. 石海（felsenmeer；block field）

（1）形成原因：山顶平缓部位或大范围分布的平缓基岩面上由寒冻风化产物原地堆积，形成石海（图7.1）。

（2）基本形态：地面遍布棱角状、大小混杂的块碎石。

（3）发育位置：正在活动的冷生夷平面或冷生夷平阶地台面上。

（4）野外辨识：坡度平缓的块石、碎石质地面，地表无植被或植被很稀疏，一般块石、碎石和砾石大小混杂，无分选，无磨圆。野外识别时特别需要注意石海与山区洪积扇表面块碎石堆积之间的区别。如果石海块碎石孔隙中充填有细颗粒物质，在冻融分选作用下可在石海中形成略有分选的石环。

（5）调查内容：发育位置（特别是发育高度），地形地貌特征，发育规模，表面块石、碎石的分布和组成状况。

图 7.1　温泉区域山顶石海

3. 突岩（tor）

（1）形成原因：由于基岩力学性质和热物理性质的异质性，寒冻风化作用下残留在山顶或山坡上突兀孤立的大块基岩岩块（图 7.2）。

图 7.2　突岩

（2）基本形态：冷生夷平面和山坡上残留的孤立、突兀的基岩岩块，表观上可形成各种形态，也有研究者根据其形态称之为岩柱、岩墩、岩堡、岩墙等。

（3）发育位置：寒区山顶或山坡。

（4）野外辨识：单独或成群耸立于山顶或山坡上，比较显眼，其根部和下伏基岩连成一体，不包括位置已经发生移动的各类大块石。

（5）测量内容：位置，空间几何形态和尺寸、分布数量和密度等。

4. 岩屑坡（detrital /debrisslop）

（1）形成原因：山顶和山坡基岩经寒冻风化形成的块、碎屑物，在重力作用下铺积在山顶周围斜坡上而形成的地貌景观。块、碎屑物呈棱角状，大小混杂，无磨圆度、无分选。块、碎屑层下伏即为风化基岩面。高寒区的岩屑坡坡度较大，细颗粒土在雨水冲刷下无法停留，植被附着生长困难。在重力作用下，这些块碎石每年以毫米级或厘米级的速度向坡下蠕动（图7.3）。

图7.3　岩屑坡

（2）基本形态：岩屑坡一般坡面平直，属于坡面重力堆积物，这类堆积物大面积散布在高山顶部向下一定范围内的坡面上，几乎无植被覆盖或在局部有细颗粒土附着的地方生长稀疏的地衣、苔藓类植物。

（3）发育位置：常见于高山多年冻土区山顶周围，坡面坡度大致等于碎块石的天然休止角，接近32°左右。

（4）野外辨识：高山上部坡面无植被覆盖的裸露位置，外观比较显著。野外识别时，要注意与倒石堆（talus（slop））区别。倒石堆是陡崖上的岩石崩落堆积，有一定的分选性，岩块粒径越大下落势能越大，在坡面上滚动距离长，一般堆积在坡脚，越往上粒径越小，其分选序列和洪积扇的分选序列相反。倒石堆不是冰缘作用带内特有的地貌类型，在国外，talus、scree、debris往往通用。

（5）测量内容：发育坡度、范围及下界高程。

5. 石河（stone stream）

（1）形成原因：岩屑坡下部或坡度稍缓的部位，如果碎屑物质沿坡面向下呈条带状分布，或者堆积在山谷里的风化碎屑沿山谷向下呈条带状分布，则称为石河（图 7.4）。

图 7.4　石河

（2）基本形态：条带状碎屑堆积，两侧为植被覆盖坡面或者为相对较细的碎屑物组成。

（3）发育位置：岩屑坡下部或山间沟谷部位。

（4）野外辨识：根据发育位置和形态判断，往往与岩屑坡伴生。注意与石条（见下文）的区别，石条是冻融分选的产物，石河是碎屑物质天然的堆积，具有一定的蠕动速度。两者在形成原因上往往混杂，石河堆积物中也伴随有冻融分选的过程。

（5）测量内容：石河长度、宽度、发育坡度，主要粒径、粒级状态，周围土体的粒级组成。

7.2.2　融冻蠕流–重力作用形成的冰缘地貌

坡面上的碎屑物在冻融作用和重力作用下顺坡向下蠕动而形成的地貌景观。融冻蠕流包含有两个过程：其一是冻结过程中，坡面冻胀，碎屑物质在坡面上沿垂直于坡面的方向（坡面的法向）向上运动；而融化过程中碎屑物在重力作用下垂直下落，整体而言，经历一个冻融循环后，碎屑物沿坡面向下移动一定距离。其二是融化期间，饱水的季节融化层受重力作用而顺坡面向下蠕流的过程。

1. 石冰川（rock glacier）

（1）形成原因：在山区寒冻风化强烈作用区内，坡脚的倒石堆或山谷中的厚层碎屑物的孔隙中被冰充填，形成冰、石、土混杂的一类堆积物，并在重力作用下，由于冰的蠕变沿坡面向下蠕动。根据碎屑物中冰的来源，一般可以分为两类：一类是岩屑坡、倒石堆或石河下部碎屑孔隙中接收堆积物上部入渗水源并被冻结而形成；另一类则是冰川退缩以后，冰碛物与其内部残留的冰川冰混合而成（图7.5）。

图7.5   石冰川（图中马队头顶上方舌状碎石垅）

（2）基本形态：由于堆积物以地下冰为基质，具有缓慢向低处滑移、蠕动的性质，其年平均移动速度在数厘米到数米之间，形态上相比周围地面隆起，呈舌状或叶状。石冰川不同部位运移速度的差异，造成上下部位间相互挤压堆叠，从而在横向上多有脊状突起和叠压沟槽；从纵向看，可形成阶梯状层级或呈叠瓦状形态，其前缘由于受地面阻力往往涌起呈上凸的陡坡。

（3）发育位置：多年冻土下界以上、现代冰川末端以下有碎屑堆积的山坡或山谷中。

（4）野外辨识：石冰川从形态上与岩屑坡、石河等岩屑堆积物有明显差异。与表碛覆盖的冰川组成上不同，冰川以冰为主体，夹杂有各类碎屑物质，运动速度较快，石冰川以碎屑为主，冰只是充填于其孔隙中，属于多年冻土范畴。

（5）测量内容：发育位置，几何形态，块、碎石粒级状态，活动层厚度、地下冰含量，末端海拔，蠕动速度等。

2. 融冻泥流（gelifluction）

（1）形成原因：在寒冷潮湿环境下的坡面上，表土层处于饱和状态，冬季发生冻胀时土颗粒沿坡面法线方向升起，夏季融化时沿垂直方向回落，使得土颗粒发生向下坡方向位移，同时受重力作用沿坡面向下蠕滑，形成融冻泥流（图7.6）。

（2）基本形态：在冷湿地区的坡面上沿坡向形成舌状突起，高出地面数厘米到十几厘米，往往成群发育，横向上这些泥流舌沿等高线不连续排列，纵向上前后相互堆叠，呈阶坎状。在青藏高原半干旱地区，山坡表层水分较小，这种泥流形态常单个出现在汇水的山洼中。在较湿润的山谷中坡脚部位是融冻泥流的堆积场所，一般发育很厚的有机质层，融冻泥流相互挤压鼓起呈丘状，下坡方向坡度较陡，上坡方向较平缓。青藏高原在目前较干暖的气候条件下，融冻泥流多已经停止发育，在坡面山上常见阶坎状地形，其平缓的阶面后缘因为物质迁移，覆盖层较薄而遭受风化，经常出露下伏的碎屑层，其前缘的坎面也因

图 7.6　融冻泥流

植被层遭剥蚀而出露矿物质土层。

（3）发育位置：细颗粒土堆积且植被良好的较湿润山坡成群出现，具有汇水条件的山洼中单个出现。

（4）野外辨识：在青藏高原，坡度在 3°～25°之间的山坡上出现沿等高线延伸的具有一定弧度的陡坎或台阶状地面，如果其前缘隆起呈舌状，则为活动性融冻泥流，前缘呈高约数厘米到数十厘米的遭受剥蚀的陡坎，则为已经停止活动的融冻泥流。

（5）测量内容：发育位置的地形坡度，泥流舌的长度、宽度，舌端高度，土层含水量，物质组分等。

7.2.3　冻融分选作用形成的冰缘地貌

粗细颗粒混杂的土体在冻融过程中发生按照土颗粒粒级聚集的现象称为冻融分选（frost sorting），地层中的块石在冻融分选过程中发生位移，在地表形成一些特殊的形态，称为冻融分选地貌（图 7.7）。

1. 石环（sorted circle；stone circle（ring））

（1）形成原因：活动层中土颗粒粗细混杂，在冻融过程中由于细颗粒土的冻胀和融沉将粗颗粒岩块向外围和表层推挤，形成地表块石呈环状排列的一种地表形态称为石环（图 7.7），石环中心由细颗粒土填充。

（2）基本形态：由粒径较粗的石块在地表围成圆环状，环的中心位置为细颗粒土充填。有时单个出现，一般成群出现，在地面形成蜂窝状多边形构造。地形有一定坡度时，石环往往被拉长呈椭圆状。

（3）发育位置：细颗粒土和碎屑混杂堆积的平缓地带，地表水分条件较好，有时在山顶的石海中也会发生微弱的分选，形成外观不明显的石环。

（4）野外辨识：地表有块石和细颗粒土混杂的较平缓地带，块石呈圆环状排布，有时不甚明显，需要和周边比较，仔细辨别。

图7.7　山顶石环

（5）测量内容：发育位置，地面水分条件，石环直径，石环的粒级组成。

2. 石条（sorted stripe；stone stripe）

（1）形成原因：冻融分选发生在在坡度较大的地方，分选过程既受冻融过程的影响，又受重力作用，则分选出来的块石顺坡向延伸形成条带状，粗颗粒土和细颗粒土相间分布，由块石形成的条带称为石条。

（2）基本形态：地面形成条带状的块、碎石堆积，条带两侧均为较细的土颗粒堆积，且有一定的植被覆盖，石条中缺少细颗粒土，很少有植被生长，形成裸露的块碎石和植被相间分布的条带，形态上与石河有些类似。

（3）发育位置：水分条件较好的缓坡上，坡度一般不超过10°。

（4）野外辨识：石条和石河虽然都是条带状碎块石堆积，但形成原因不同，发生的条件和地形具有显著差异。石条一般发育在较湿的有碎石堆积的坡脚或坡度较大的冲洪积扇上，其组成物质可以是没有磨圆的块碎石，也可以是有一定磨圆的漂石和卵石，且具有一定的分选性；石河发育在较陡的山坡上，组成物质为棱角状寒冻风化产物，没有分选性。

（5）测量内容：山坡坡度，石条规模、宽度、粒级组成。

3. 斑土（soil boil）

（1）形成原因：在地表冻结以后冻结锋面向下推进时，地表以下的细颗粒土在饱和状态下受冻胀力的反作用而承受一定的压力，受压的过饱和土体沿地面薄弱处被挤出地面，在地面上形成几厘米到十几厘米高的土包（图7.8）。

（2）基本形态：斑土一般与地表的土质存在明显差异，一般由黏质土或粉质土组成，无植被生长，在一定区域内成群分布。

图 7.8　斑土

（3）发育位置：表层覆盖有一定厚度的细颗粒土层的平缓地带。

（4）野外辨识：无植被生长的裸露土斑，土的组分与周围土质有明显差异。

（5）测量内容：斑土发育规模、分布密度，斑土几何尺寸。

4. 冻拔石（upfreezing stone）

（1）形成原因：包裹在细颗粒土层中的块石在反复冻融过程中逐渐向上移动的过程叫冻拔作用（upfreezing）。冻拔作用广泛发生在多年冻土和深季节冻土区的活动层中，桥涵基础以及埋深浅的桩基（电线杆）都会因为冻拔而破坏。块石具有比周围松散土体较大的导热系数，冻结发生时，块石下部的土体较周围土体先冻结，进而发生冻胀，抬起石块，融化发生时周围的土体挤入石块抬起后留出的空间，使得石块不能回到原来位置，年复一年，石块被顶出地面。

（2）基本形态：埋藏在活动层中的块石在冻拔作用下，受差异性冻胀力的作用首先竖立起来，导致块石的长轴垂直于地面，经长期反复冻融作用，块石最终突出并竖立在地面上，像是人为栽进土里的一样，称为冻拔石（图 7.9）。

图 7.9　冻拔石

（3）发育位置：土层中含有大块石的缓坡、平地或山脚部位。

（4）野外辨识：块石竖立于地表，一般成群分布。

（5）测量内容：发育规模，密集程度，块石大小、形状等。

7.2.4 冻胀冻裂作用形成的冰缘地貌

水冻结成冰时，体积增大9%，当土中的水分冻结膨胀引起土颗粒间的相对位移时就形成土的冻胀（frost heaving）。土体冻结过程导致冻结锋面处土水势增大，周边未冻土中的水分在土水势梯度的作用下向冻结锋面迁移、冻结，并发生冻胀，这也是导致土体强烈冻胀的主要原因。不同土体的冻胀敏感性差别较大，一般粉质土最容易发生冻胀。

1. 冻胀丘（frost mound）

（1）形成原因：由于土体中土质差异及其水分补给条件差异，土体发生差异冻胀，局部区域内由于强烈的冻胀作用而在地表形成鼓起的丘状地形称为冻胀丘。

冻胀丘按其形成过程和存在时间可以分为两类：季节性冻胀丘和多年生冻胀丘。

多年生冻胀丘发生在多年冻土层内，一般体积比较大，其直径可达数百米，高可达数十米（图7.10）。国外按照物质成分和地下冰类型，将多年生冻胀丘分为冰核丘（pingo），泥炭丘（palsa）和冰土丘（lithalsa）。冰核丘中的地下冰一般由侵入冰和分凝冰组成，侵入冰占主体，在一定深度范围内发育纯冰层，形成冰核，是最常见的一类多年生冻胀丘。泥炭丘的组成物质含有一定的泥炭，冰土丘主要由细颗粒土构成，两者内部地下冰以分凝冰为主，内部不一定含有冰核，但是由于分凝作用形成层状、微层状冰，体积含冰量可达50%以上。冻胀丘根据水分补给来源的不同分为开放型冻胀丘和封闭性冻胀丘。

图7.10 多年生冻胀丘

季节性冻胀丘一般发生在不连续多年冻土区活动层中，主要补给水源是具有一定水头压力的冻结层上水，一般在头年 12 月份开始生长，次年 4~5 月达到稳定，直径一般可达数米到十几米，高达数十厘米到数米，6~7 月随着内部冰核的消融而减小，到 8、9 月份完全消失。季节性冻胀丘发生的位置不定，随当年土层中的水文条件变化而发生迁移，有时也叫移动型冻胀丘（图 7.11）。

图 7.11 季节性冻胀丘

（2）基本形态：冻胀丘由于强烈冻胀使地面拱起，丘顶或沿其脊线表层土受到强烈的张力而被拉裂，在地表形成一条或数条宽大裂缝，裂缝深可见下面的冰核，这一特征成为野外识别冻胀丘的明显标志。

冻胀丘遗迹的基本形态：多年生冻胀丘在生长和保持期间，其顶部的土层在风力、流水、重力作用下向周围迁移，当多年冻土退化以后，冰核融化表层土层回落在地表往往形成凹形地面，四周被高起的围堰包围，围堰呈马蹄状有一缺口，有时围堰破坏只有部分残留，这种地形称冻胀丘遗迹（pingo scar）。

（3）发育位置：季节性冻胀丘和开放型多年生冰核丘一般发育在多年冻土区汇水条件较好的坡脚部位，或沟谷出山口位置。封闭型多年生冰核丘一般发育在排干的古湖盆内。泥炭丘和冰土丘一般发育在细颗粒土堆积较厚、水分条件较好的平缓地带。

（4）野外辨识：季节性冻胀丘一般发育在活动层内有稳定补给水源的沟谷谷底和冲洪积扇前缘部位，形体一般不大，高在数米以内，底面直径一般小于 10m，有的沿水流方向延伸呈垄状，其表面一般均有开裂，圆形冻胀丘顶部开裂呈放射状，垄状冻胀丘可能只有一条主裂缝，在野外一般比较容易辨识。多年生冻胀丘由于裂缝两壁塌落或风积物充填，顶部裂缝不明显，在野外辨识中要注意平缓地形上孤立的丘状隆起地形，其顶部较平或有凹陷，有时在其阳坡面由于地下冰融化形成碗状融陷坑。

（5）测量内容：冻胀丘的发育位置，地形地貌，几何尺寸，有必要的情况下可以进行钻探或物探勘察。

2. 冻融草丘（earth hummock；turf；thufur）

（1）形成原因：表层有机质土在冻结和融化过程中形成的地面小型鼓包，一般成片发育。

（2）基本形态：青藏高原常见的冻融草丘一般高 20～30cm，底面直径约 20～40cm，外形近似瘤状或拱形，在地面形成凹凸不平的地貌形态（图 7.12）。

图 7.12　冻融草丘

（3）发育位置：在水分条件较好、粉质土和黏性土含量较高，植被发育，植被类型以嵩草科为主的谷底、河漫滩、河流阶地、冲洪积扇、分水岭等较平缓的部位。

（4）野外辨识：在汇水条件较好的平缓地面形成连绵的形似瘤状的小丘状地面。

（5）测量内容：发育位置，几何尺寸，分布密度，植被特征。

3. 多边形土（polygon）

（1）形成原因：在冬季寒冷气候条件下，地面土层收缩开裂，并相互沟通形成多边形，裂缝被水、砂或土充填，则在土层内分别形成冰楔、砂楔或土楔，充填物质与原物质在物理性质、表观形态上存在差异，在地表显现出多边形形态（图 7.13）。

图 7.13　地面多边形开裂

地层中的楔形构造多是在寒冷时期内地层物质重复开裂、多次充填的结果。裂缝可以从地面延伸至多年冻土层中，被水充填以后冻结，形成冰楔，冰楔冰一般具有竖向和楔壁平行的层理，称之为冰楔年层，代表了地面开裂、水分充填的次数。如果多年冻土消融（退化）冰楔冰融化、水分排出，则原来冰体所占空间被两侧或上覆的土层塌落充填，则形成冰楔假形，原来冰楔的形态被破坏，冰楔假形的形态一般不再保持楔形，而呈现出复杂的形态。如果地面开裂发生在较干燥的区域，裂隙内被砂（土）充填，则称之为原生砂（土）楔，楔体内的砂土有时也呈现出竖向的和楔壁平行的层理，砂（土）楔不经过后期改造，通常保持楔形形状。冰楔假形、砂（土）楔等地层中的楔形构造是研究多年冻土发育历史的直接证据，具有重要的古环境意义，在多年冻土调查中应该多注意观察地层露头，记录这类现象。

（2）基本形态：均质土壤物质在热收缩开裂时往往形成六边形网状开裂，而地表土层大多是非均质的，冻裂时大多形成近似六边形或受土层物理、力学性质差异控制形成三边到六边不等的多边形。在青藏高原，气温年较差较极地地区小，地面开裂较小，一般充填风力搬运的细颗粒土，在地表观察不甚明显，如果细颗粒土的物理性质与当地原生土有差异，则可以借助其他形式显现出来，如沿充填的细颗粒土植被较发育而形成草环，或雨后细颗粒土水分蒸发较慢而在地表显示出"湿环"等。

（3）发育位置：地面水分适中的平缓地面上。

（4）野外辨识：平缓地面上显现的一些呈多边形或环状的图案形状，图案由植被、不同颜色土质等构成。多边形土的形成是一种非分选过程，野外注意与（分选）石环相区别。

在人工开挖或天然的第四纪地层露头上，如果存在均质的地层被楔形或其他形态的别种地层物质所充填，特别是这种充填地层成群出现，则有可能是楔形构造。冰楔假形内的充填物质与上覆地层一致，夹杂有围岩塌落的块体，楔壁上存在砾石定向排列的现象，层状地层的围岩中还可以在楔壁附近形成地层轻微的挠曲，地层向上或向下弯曲，这是楔内充填的水在冻结时挤压围岩所致。冰楔假形由于受到改造，形态多样，多呈"V"形或"U"形，楔口较宽。砂（土）楔一般呈"V"形，楔壁没有变形，较细长。有时还可以发现宽度为几厘米，延伸很深的脉状砂（土）充填物，称之为原生砂（土）脉，脉状充填物一般是一次开裂充填的产物。

（5）测量内容：环的直径，边的宽度等。发现楔形构造，需要测量楔体的深度、楔口的宽度，如有必要，还需要取样进行测年分析。

4. 地表冰体（icing）

（1）形成原因：地表水体或地下水出露水体在冬季冻结，统称为地表冰体。其中，冰锥（icing blister）和涎流冰（salivary flow ice）比较受关注。地表冻结时，土层中的地下水下部受到隔水层（多年冻土层，黏土层或基岩）阻挡而承受一定的压力从表层已经冻结的地层薄弱部位涌出地表，继而冻结，不断加积，在地表形成隆起的丘状冰体称为冰锥，一般在 10~11 月间形成，次年春、夏季消融（图 7.14）；冬季，河道较浅部位河冰与河床衔接堵塞上游来水也会在堵塞点上形成压力，从而促使冰面隆起成丘，形成河冰锥。如

图 7.14 冰锥

图 7.15 涎流冰

果地下水在陡坡或崖壁上渗出冻结形成瀑状冰，则称为涎流冰（图 7.15）。

（2）基本形态：冰锥一般在较平缓区域呈丘状或盾状；涎流冰是水从高处向低处运动过程中被冻结，有渗流形成的冰瀑，滴落形成的钟乳石状挂冰等形态。

（3）发育位置：地下水溢出带。

（4）野外辨识：野外一般容易辨识，但要注意区分其形成原因。

（5）测量内容：发育位置，地形坡度，几何尺寸。

7.2.5 热融扰动作用形成的冰缘地貌

多年冻土上限附近一般赋存有较丰富的地下冰，当气候条件或地面状况发生改变时，导致上限附近的多年冻土层融化，可以显著改变地表形态，形成不同的热融地貌。

1. **热融湖塘 (thermokarst lake)**

(1) 形成原因：高含冰地层中的地下冰融化引起地面塌陷形成的负地形称为热融洼地 (thaw depression)，地下冰融化的过饱和水分渗出地面或地表水汇流积聚在热融沉陷的负地形中，潜水成湖，则称为热融湖塘（图7.16）。

图7.16 热融湖塘

(2) 基本形态：这种负地形或湖塘边缘有明显的沉降引起的陡坎、裂缝等标示。

(3) 发育位置：一般发育在地下冰较发育、地形平坦的平原地带。

(4) 野外辨识：青藏高原热融湖塘一般比较小，直径最大不超过数百米，几十米的比较常见，水深较浅，一般在1m以内。热融湖塘的形成时间一般在数年至数百年时间内，湖岸有因为湖水热侵蚀形成的崩塌陡坎和湖岸失稳引起的与湖岸线平行的裂缝。野外辨识中注意与其他成因的湖区别，也应和积水的泥炭坑相区别。

(5) 测量内容：尺寸，水深，水化学分析。

2. **热融滑塌 (thaw slumping)**

(1) 形成原因：斜坡上的地下冰融化使上覆土层失去支撑，在重力作用下土层沿融化面发生失稳坍塌、运移的过程称为热融滑塌（图7.17）。

(2) 基本形态：多年冻土区有一定细颗粒土组分的坡面上表层物质整体滑移，滑移源区形成类似滑坡洼地的沟槽，其堆积区形成类似泥石流的土石混杂物。

(3) 发育位置：坡脚被开挖形成多年冻土暴露的粗细颗粒混杂的山坡，或原地面条件遭受破坏的山坡。

(4) 野外辨识：多年冻土地区水分条件较好的坡面和沟谷中形成的垮塌地形。

（5）测量内容：滑塌体长度、宽度，滑塌体前的泥流长度，滑塌体前缘裂缝，土质。

图 7.17 热融滑塌

| 第 8 章 | 多年冻土制图

多年冻土制图是按照地图成图原则，把多年冻土调查成果绘制在地图上，用地图符号对多年冻土分布类型、基本特征以及环境要素进行描述与表征，反映多年冻土分布特征及其与环境的相互关系。当前的多年冻土制图都是在计算机辅助下，借助地理信息系统（GIS）软件或者其他地图成图软件，融合各种来源的数据（野外调查、遥感、模型计算和再分析资料等）完成的。本章介绍了多年冻土制图的一般方法和流程，也对基于遥感影像的冻土区植被、土壤类型制图进行了相关探讨。

8.1 制图与制图单元

一般来说，多年冻土制图涉及冻土学和制图学两个方面的内容，冻土学方面的内容主要包括：

（1）制图范围和目的：进行多年冻土制图前先要明确对多年冻土的哪个（些）属性进行制图，如多年冻土的分布范围（空间分布和厚度），地下冰含量及其存在形式，地温等。

（2）各制图属性的定义和分类：多年冻土制图属性主要包括多年冻土发育的总体特征（如多年冻土分布的连续性、厚度、温度、含冰量等）、地球物理参数（如地震波速率、地热梯度、热特性等）、工程属性（如强度、冻胀和融沉的敏感性、流变能力等），以及多年冻土区常见的冰缘现象特征（如地形、自然地理、地质、水文、土壤、植被或者区域气象条件等）。

（3）制图内容数据的获取、整理、处理和归档。

制图学方面的内容主要包括：

（1）地图投影、比例尺、精度、详细程度、色彩使用和图例的设计。

（2）地图编辑与成图：如地理信息系统（GIS）技术的使用和成图时需要考虑的事项等。

多年冻土制图单元是表示多年冻土图图斑内容的基本单元，可以是多年冻土类型单一图斑（比如多年冻土类型图），也可以是组合图斑（比如综合反映多年冻土类型、地温、活动层厚度、地下冰等两种以上特征的组合图）。多年冻土制图单元的确定以多年冻土分类为基础，所反映的内容依据制图目的、制图比例尺和制图精度进行取舍。

多年冻土的常用分类是以地理发生学原则，按照地温、连续性系数进行类型划分。比如按年平均地温分为极稳定、稳定、亚稳定、过渡型和不稳定型多年冻土以及季节冻土等；按连续系数分为连续、不连续、岛状、零星多年冻土等。这种分类往往采用单一优势确定图斑。钻孔地温、地下冰类型、揭露的厚度往往作为附加信息以点状信息绘制到类型图斑上。多年冻土图中的每种冻土类型和地物类型都应该设置一个符号在成图后进行统一、规范和显示。除对冻土类型区分标志外，其他一些显示冻土现象的标志性符号也可以在图中表现出来，如冻胀丘、冰锥、石海、多边形土等。

相对于地理发生分类，多年冻土也可以参照土壤发生分类原则，按照多年冻土诊断层性质，划分出多年冻土纲、亚纲、大类和亚类等。这种分类方式往往是复合型制图，每个图斑是以几种不同分类级别冻土的复合或组合形式出现的。在山区，随着海拔的变化，多年冻土地温、水分及植被等条件出现渐变形式，故其多年冻土类型出现相应的渐变模式，这时宜用渐变模式的多年冻土类型制图单元，更准确地表达山区多年冻土类型及其与环境影响因素的关系。

制图时需确定最小单元的选取指标。比如基于遥感影像的冻土数字制图时，确定基础空间分辨率后，全部的影像统一到此空间分辨率上进行分析处理，小于单一像元的信息将被舍去，或者被归并到周围像元。

一般来说，多年冻土图有以下四种类型：

（1）全球或半球尺度的多年冻土图：比例尺为 1∶3000 万 ~ 1∶5000 万。

（2）国家尺度的多年冻土图：一般根据行政边界划分，比例尺为 1∶500 万 ~ 1∶250 万。

（3）区域尺度的多年冻土图：反映局部区域多年冻土或者地下冰赋存条件或其他特征的冻土图。

（4）古冻土图：反映古代气候条件下多年冻土分布的地图。

我国常见的多年冻土图是以地理发生学分类为基础，一般是小比例尺，如中国冰雪冻土图是 1∶400 万、青藏高原冻土图是 1∶300 万、中国冰川冻土沙漠图是 1∶400 万。较大比例尺的是青藏公路沿线多年冻土图 1∶60 万。制图比例尺的选择主要与数据占有程度有关，青藏高原地域广袤，观测站点有限，一般不具备绘制大中比例尺地图的数据。这种情况最近得以改善，科技部基础性工作项目"青藏高原多年冻土本底调查"项目对温泉、西昆仑、改则、杂多等区域进行了详尽的野外调查，具备了绘制大、中比例尺、高精度的多年冻土图件的条件。

8.2 典型区填图

传统区域填图是采用纸介质进行现场手工记录，逐一把调查结果标于方格网上，历时久、工作量大。近 20 年来，遥感技术发展日新月异，通过对多源信息的综合分析，充分利用高速发展的计算机制图技术，是现代填图和制图的主要特点。典型多年冻土填图一般采用多源遥感数据结合野外冻土调查的方式来实现。然而，典型冻土区填图也区别于通常的遥感地质填图，这是由于目前卫星遥感手段无法直接解译得到埋藏于地下的多年冻土。多年冻土典型区填图的一般流程描述如图 8.1。

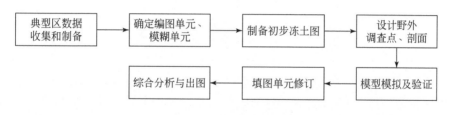

图 8.1　冻土填图技术路线

（1）典型区已有相关数据的收集和制备，包括典型区的基础地理信息和遥感影像、植被、土壤信息、水文气象数据，已有冻土钻探、物探数据，已有各种比例尺的冻土类型分布图等。

（2）根据成图比例尺，确定合适的影像单元为编图单元。把已有数据标记于编图单元上。根据数据情况区分为确定编图单元和模糊单元。前者是可以确定冻土类型的单元；后者是属于不确定的单元。考虑到冻土调查资料十分稀缺，多数单元是模糊单元。

（3）依据掌握的植被、土壤、地形高程、水文气象等辅助资料，基于已有多年冻土分布知识，在考虑冻土水热条件影响因素的基础上，初步得到冻土图。同时在模糊单元中建立野外调查区域，也考虑少数确定单元，以验证其准确性。

（4）根据分类原则和比例尺，确定制图单元，归并影像编图单元。对于按连续系数分类的单元，需要考虑邻近单元的冻土类型，按连续系数百分数确定其归属。

（5）参考目的采样原则，从待调查区域选取有足够代表性的野外调查剖面和调查点。进行野外调查，获取调查点冻土特性信息，如地温和地下冰等。同时记录周边的冰缘地貌、植被、土壤、水文气象等必要信息，为以后研究冻土与周边环境相互关系准备必要基础。在剖面调查时，应查明多年冻土空间分异规律，比如控制其高程变化、坡向影响、不同水热条件、植被土壤的空间分异性。

（6）严格的冻土区填图需要十分细致的野外工作，在主要分区里均有代表性的调查。然而考虑到冻土区的严酷野外条件，尤其是山区，交通可达性极差。室内需要依据冻土分布模型进行模拟。并利用不参与模拟的调查资料进行模拟结果的验证，以确保达到填图精度。

（7）填图单元修订。根据野外调查结果，结合制图单元的稳定性和可分性，对不符合标准的单元进行修改、补充和厘定，包括冻土类型边界的修订、新单元的补充、已有单元的重新划分和厘定。

（8）综合分析和成图。结合各种资料，整理分布调查区的冻土分布特性、冻土-环境关系、冻土水热变化特征，得到科学的结论和认识。在地理信息系统成图软件的辅助下，整理成图，包括各种辅助信息如点状地温、含冰量信息、钻探物探位置的添加、冰缘地貌的表示、内外图廓线设置、补充图例、图名、投影、比例尺等地图内容。

8.3　背景数据制备

一幅详尽可靠的多年冻土图件需要各种背景数据的支持，这些背景数据包括研究区基础地理数据如地形图，也需要各种冻土环境背景资料，如地质、气候、植被、土壤、地热等资料，尽可能收集以下数据：

(1) 制图区域的基础数据：行政区、地形地貌、交通、水系等描述制图区域基础地理信息的数据。

(2) 气象气候数据。

(2) 植被土壤数据：包括植被、土壤类型空间分布图件，植被土壤调查数据等描述地表状况的数据。

(3) 水文地质数据：水文地质图、第四纪地质图等描述制图区域地质状况的资料。

(4) 冻土、冰川、积雪数据：包括冻土调查数据、已有的冻土分布图件、冰川、积雪分布数据等。

冻土区植被类型可以指示当地水热条件，与多年冻土有紧密关系。植被、土壤本底信息是除气候背景信息之外，各类多年冻土空间分布与水热过程模拟模型需要输入的关键参数。如果研究区缺少足够精细的植被、土壤信息，在开展冻土调查和冻土制图前，可以通过遥感手段快速获取植被、土壤分布的基本信息。区别于传统的植被、土壤调查，遥感手段借助各种分辨率的卫星影像，提供多时相、多角度的持续观测，具备传统手段不具备的多种优势，比如克服恶劣的自然条件，节省大量的人力物力，最大限度降低研究区域不可达的限制。本节主要阐述以多年冻土制图为目的的遥感手段获取植被、土壤信息的相关的方法。

8.3.1　采样方法

植被、土壤野外调查一方面为遥感解译或者分类算法提供先验知识，另一方面也是精度验证必需的。合适的采样方法必不可少，而且能提高遥感手段的制图精度。这是因为采样的尺度大小与采样方法可以直接影响到空间分异的研究精度。

用于遥感制图样地的设置方法主要包括以下几种：

(1) 随机取样：是一种在研究区内不均匀取样的方法。许多实验设计因条件所限，会考虑道路的可达性、样地的代表性以及各种地形参数的对比，此时多使用随机取样。

(2) 规则取样：是一种比较常用的取样方法，是指样方在研究区域内按照特定规则分布的取样方法。常用的方法是在被调查的样地内尽量选择受人类干扰少的区域进行调查（调查方法请参考第3章）。

(3) 有目的取样：传统空间采样存在着不可避免的局限性，因此许多学者提出一种通过寻找典型点的目的性采样来完成设计。这种方法通过分析与目标地理要素空间分布（如冻土区的特征、植被、水文等参数）有一致性变化特征的环境因子来提取样点，从而减少样本量,令研究结果更加可靠。

对于土壤采样,依据海拔、坡度、坡向、地表土壤和植被状况等特点,结合专家建议选取典型点。这种采样方案(见第 4 章),可以弥补空间不均匀采样所带来的代表性不足等问题。

8.3.2 制图方法

遥感影像的分类方法从最早的目视解译发展到了现在的多种计算机自动识别方法,包括监督分类与非监督分类、人工神经网络、模糊数学、专家系统分类、决策树和面向对象等方法。计算机自动识别算法具有效率高的特点,而目视解译耗时长,但如果解译人员经验丰富,目视解译成果可能更为可靠。在发展计算机自动识别算法的时候,往往采用在更好分辨率基础上的目视解译结果作为真实地表状况进行算法验证。土壤由于与环境有紧密关系,以土壤–景观模型为理论基础,发展出以空间分析和统计方法为工具的土壤制图方法。

常用的植被分类方法有决策树分类和面向对象的植被制图等方法。

(1)决策树分类。该算法根据研究区不同的影像特征,对信息通过树型结构进行规则划分,根据不同分类标准和特征对获取的遥感影像进行研究,最终制作生成植被分类图。

(2)面向对象的植被制图。该算法将像元"团聚"为整体进行研究,可以很好地去除单像素提取信息时出现的"椒盐效应"。

土壤制图方法主要有采用传统方法和建立在土壤–景观模型之上的识别方法。

(1)传统方法。传统的土壤类型制图方法,是依据土壤分类学专家的经验知识,建立研究区内土壤与环境的关系模型,结合野外观测数据、地形图、地质图和航片等对研究区域的土壤类型进行绘图处理。我国在 50 年代和七八十年代分别开展的两次大型土壤普查都是采用传统方法。

(2)土壤–景观模型方法。土壤–景观模型理论方法以土壤发生学为理论基础,借助 3S(GIS、RS、GPS)技术完成土壤分类制图。该方法将土壤看作是一个独立历史自然体,认为土壤受母质、地形、地貌、气候和生物等多种成土因素共同影响,各种成土因素的渐变、演化推动了土壤的发生、发育以及类型的变更,因此在不同的土壤景观中都会有与之相应的土壤类型分布,通过对景观中环境因子的分析就可以完成对土壤类型分布的预测,其实现模型主要包括:经验模型;数学统计模型,如线性回归模型、神经网络、模糊系统、协同克里金模型、判别分析模型等;以及基于规则的专家系统模型,如贝叶斯规则网络模型、模糊推理模型等。

基于土壤–景观关系,已经发展了一些自动分类算法,比如基于支持向量机(Support Vector Machine,SVM)的土壤分类方法。SVM 适合于无法取得大量样本点的区域。SVM 在土壤分类研究中主要有以下三个方面的优势:①可以分析自变量和因变量非线性的关系;②SVM 分类通过确立训练样本中的支持向量来构建判别函数,是一种统计分类;③训练样本不需要符合正态分布,SVM 对其数量的需求较少。

8.3.3 示例

多年冻土区植被制图方法中，依托决策树方法和面向对象方法取得较成功的分类效果；而在土壤制图方法上，支持向量机（SVM）、基于土壤–景观关系的 SoLIM 方法应用在青藏高原温泉区域，也有较好的交叉验证结果。

植被制图方面，作为示例，我们介绍决策树分类和面向对象的植被制图流程。

（1）决策树分类。张秀敏等（2011）在青藏高原温泉区域应用遥感产品对植被类型进行了识别，该方法主要包括以下几步：

① 收集数据。如利用 MODIS/EVI（Enhanced Vegetation Index，增强型植被指数）产品、Landsat TM 和 SRTM DEM 等遥感数据，以及野外样地采集数据，包括植被类型、盖度和样方的经纬度、海拔、坡度和坡向等。

② 构建分类规则。在保证各种特征数据均匀分布于各个 EVI 区间的情形下，制定出若干个区间的分类规则。比如其中一个规则是在 EVI 为 0.14 ~ 0.25 的区间，主要分布高寒草甸和高寒草原，而高寒草甸分布在海拔高于 4300m 的西南方向和西坡区域，高寒草原则多分布于其他区域。

③ 在 EVI 分区基础上，借助海拔、坡度和坡向信息生成每个 EVI 区间的判别函数（表 8.1），进行分类运算，最终得到分类结果（图 8.2）。

④ 精度评价是遥感数据分类过程中必需的环节。可以采用从分类结果中随机取样，然后对采样结果建立误差矩阵和分析 Kappa 系数的方法对结果进行验证。

表 8.1　决策树的判别函数示例

判别函数	描 述
1	$202.5 < \{aspect\} < 292.5$ and dem>4300
2	$292.5 < \{aspect\} < 337.5$ or $337.5 < \{aspect\} < 360$ and dem>4300 or $247.5 < \{aspect\} < 292.5$ and dem>4300 or $112.5 < \{aspect\} < 157.5$
3	$157.5 < \{aspect\} < 292.5$ and dem<4000
4	$67.5 < \{aspect\} < 337.5$ and dem>4000
5	$157.5 < \{aspect\} < 292.5$ and dem<4000
6	$67.5 < \{aspect\} < 122.5$ or $157.5 < \{aspect\} < 202.5$ or $292.5 < \{aspect\} < 337.5$
7	$202.5 < \{aspect\} < 247.5$
8	$247.5 < \{aspect\} < 292.5$
9	dem>4000 and $22.5 < \{aspect\} < 67.5$ or dem>4000 and $112.5 < \{aspect\} < 157.5$ or $112.5 < \{aspect\} < 157.5$ and $\{slope\} < 10$
10	$67.5 < \{aspect\} < 112.5$
11	$22.5 < \{aspect\} < 67.5$ or $157.5 < \{aspect\} < 247.5$

注：dem，$\{aspect\}$，$\{slope\}$ 分别表示数字高程（m）、坡向（°）、坡度（°）。

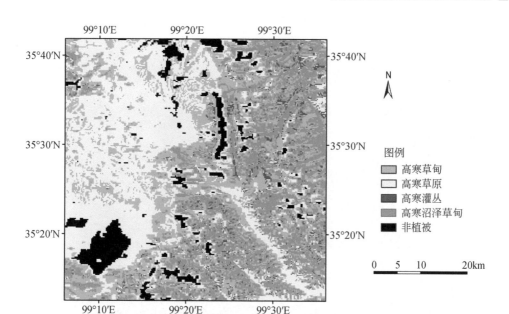

图 8.2　基于决策树方法得到的温泉区域植被类型图

（2）面向对象的植被制图。王志伟等（2013）应用该方法对玉树地区的植被类型进行了分类，其具体实现步骤如下：

① 收集数据。主要包括遥感数据如 MODIS 的 EVI、地表温度产品和 ASTER GDEM 高程数据、美国地质调查局的 Landsat TM 影像，以及野外采集数据如植被调查点和遥感估算点两种植被分类资料。

② 图像分割。分割方法根据临近的 TM 影像像素亮度，同 EVI 等数值特征数据一起，结合 DEM 等空间属性资料一起对影像进行分割。

③ 合并分割。在进行②步骤的时候，一些特征对象会存在错分的现象，通过合并分割图斑来避免出现这种情况。

④ 建立规则。在确立图斑后，计算每个图斑的整体值，然后建立类似于决策树分类的规则。

⑤ 分类结果如图 8.3，使用误差矩阵和 Kappa 系数验证，表明分类结果是比较可靠的。

在遥感土壤制图方面，基于支持向量机的 SVM 方法被证明在有相对详尽调查资料的小区域调查区里是可用的。当样本点有足够代表性时，根据土壤–景观关系，通过模型数学统计建立起来的 SoLIM 软件也能取得较满意的结果。

基于 SVM 的土壤制图步骤描述如下：

① 定义 SVM 潜在变量，并将这些变量组合成若干组不同组合的变量集。这些变量包含研究区的基础信息资料，如土壤样点的坡度、坡向、高程、植被盖度以及研究区遥感影像数据等。

② 对收集到的信息进行预处理，包括坡度、坡向、高程和遥感影像数据的制备、数据的数字化和空间化、遥感影像的拼接镶嵌、格网数据重采样、SVM 所需输入数据的格式转换与整理等过程。

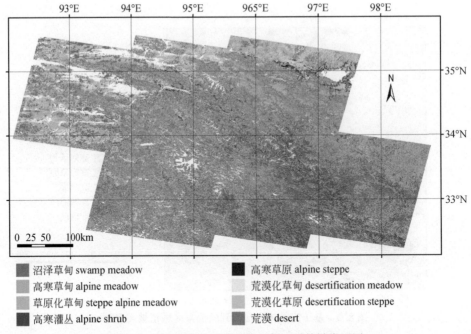

图 8.3　面向对象方法得到的玉树地区植被类型图

③ 把野外实测的样点数据和整理好的研究区变量数据加入 SVM 中，建立模型规则，对研究区的土壤类型进行预测。然后，对分类结果进行精度评价，利用野外实测数据，采用 K 折交叉验证方法分析土壤制图结果，得到最佳的变量组合。

④ 确立最优变量组合为纬度、经度、坡向、坡度、高程、土地利用类型、离河流、湖泊的距离、多年平均 NDVI、剖面曲率、平面曲率、多年冷暖季平均地表温度、地形湿度指数，以及 TM 波段比值（5∶7，5∶3，3∶1），根据系统分类原则，得到研究区土壤系统分类图（图 8.4）。

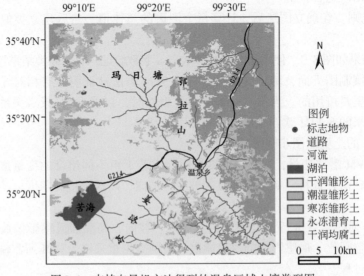

图 8.4　支持向量机方法得到的温泉区域土壤类型图

基于 SoLIM 软件的土壤制图步骤描述如下：

① 收集整理研究区的土壤样点数据和环境因子数据，环境因子包括：经度、纬度、高程、坡度、坡向、土地利用类型、离河流、湖泊的距离、多年 NDVI 平均、剖面曲率、平面曲率、多年冷暖季平均地表温度、地形湿度指数和 TM 波段比值 (5∶7，5∶3，3∶1)，并将环境因子转换为 SoLIM 默认的 *.3d 格式。

② 在 SoLIM Solutions 2010 中新建基于样点的工程，并将整理后的环境因子和土壤样点数据对应输入，样点数据的格式为 *.csv 格式，环境因子分别对应于气象、母质、地形、植被和其他 5 个 GIS 数据库。

③ 在 SoLIM Solutions 2010 软件中进行推理制图，其中土壤的分类规则是根据神经网络的方法来提取的，推理生成各种土壤类型的相似度分布图，转换为确定性指标便形成土壤类型分布图。

④ 转换为 ArcGIS 软件的 Grid ASCII，在 ArcGIS 软件中按照土壤代码进行分类配色，得到研究区土壤系统分类图。

8.4　多年冻土数字制图

数字制图是指通过使用计算机的软硬件，结合现有制图方法与多种数据模式相互融合，对各种地图图形信息进行加工、编辑、整理和储存的过程。多年冻土数字制图通常是结合遥感和地理信息系统手段，通过分析研究区各种来源数据（包括遥感数据、已有地图数据、各种历史资料和野外调查数据），生成反映研究区多年冻土特征的各种图件。

8.4.1　数字化制图基础

地图数字化是指通过一系列方法和软件，将普通地图载体（如纸质地图）转换成计算机能够存储和处理的数字地图。目前主要应用扫描数字化方法，该方法利用数字化（也称矢量化）软件，或者地理信息系统中集成的数字化模块，对纸质地图进行扫描，形成各种特征矢量图层。其流程一般包括纸质地图扫描形成电子影像图（一般是 Tiff 等无损图像格式），确定点、线、面、标注等内容数字化方案，对图层进行矢量化，建立拓扑关系、属性表，配准坐标系及最终存储为标准的地图图层格式。

当前的地图制图软件有很多种。尽管目前也有开源的一些地理信息系统软件，如 QGIS，但从功能、稳定性等方面离商业软件还有一定距离。一般正式的地图生产还是采用商用制图软件。常用的软件包括：

(1) ESIR ArcGIS 通用 GIS 软件。提供了 ArcScan、ArcMap、ArcCatalog 等模块支持扫描矢量化、地图编辑、地图管理等一系列的功能。

(2) SuperMap GIS。支持多源、海量空间数据的无缝集成技术，提供灵活的交互式地图编辑、灵活的线点捕捉及半自动跟踪矢量化、自动拓扑维护等地图编辑功能，以及丰富的制图和地图表达，提供丰富的专题地图类型、方便的符号制作管理、数据可视化工具和规整的地图排版编辑等功能。

（3）MapGIS。在地质调查行业有很大的市场，实现遥感图像处理与 GIS 数据管理的完全融合，支持全空间三维一体化数据运算，集数字制图、数据库管理和空间分析等为一体。

SuperMap 及 MapGIS 两种国产软件对国内的制图规范具有很好的兼容性，对中国区域的制图比 ArcGIS 更有优势。

（4）MapInfo。是一种数据可视化、信息地图化的桌面解决方案，集成多种数据库数据、融合计算机制图方法、加入 GIS 分析功能，是一种大众化小型地理信息系统软件。

8.4.2 多年冻土分布制图

中国的多年冻土按区域有高纬度多年冻土和山地多年冻土。前者如大小兴安岭，多年冻土分布主要受纬度控制。后者如分布在青藏高原的山地冻土明显受海拔影响，表现出高度地带性。不同区域的多年冻土有不同的分布规律。除了典型区填图，需要根据野外调查数据，对调查区多年冻土的分布特征进行填图，填图精度有严格规定。而资料所限，目前更为常见的是在充分利用可获得的有限的多年冻土分布和特征数据的基础上，通过冻土分布模型，利用地理信息系统软件进行制图。

在进行多年冻土分布范围的专题制图时，一般采用等角或等积地图投影以便于进行多年冻土分布精度的评价和对比。例如加拿大多年冻土分布图采用兰勃特等角锥形投影，国际多年冻土协会制作的环北极多年冻土与地下冰条件分布图采用以北极为中心的兰勃特等积方位投影。中国雪冰冻土图采用等积锥形投影。

冻土分布模型大概可以归为经验统计模型和基于物理过程的模型两类。前者在中国区域得到广泛应用。后者尽管在数学表达上更为严格，但由于数据和参数获取上的限制，应用并不多。近年来随着遥感数据的广泛获取，数据和参数情况得以改善，一些用来模拟冻土演化和水热过程的数值模型和陆面过程模型得到发展。

在国内得到广泛应用的冻土分布模型包括高程模型、考虑坡向的高程模型、年平均地温模型、地面冻结数模型、扩展的地面冻结数模型、Kudryavtsev 模型、多年冻土顶板温度模型、多元自适应回归模型、概率方法及数据融合方法等。表 8.2 列举了这些冻土分布模型的输入输出变量及典型案例。

表 8.2 常用的多年冻土分布模型

模 型	输 入	输出变量	适 用	研究区域	参考文献
高程模型	高程、纬度	多年冻土下限	小比例尺，山地	青藏高原、疏勒河	程国栋，1984；盛煜等，2010
考虑坡向的高程模型	纬度、高程、坡向	多年冻土下限	中比例尺，山地	青藏公路沿线	—

续表

模 型	输 入	输出变量	适 用	研究区域	参考文献
年平均地温模型	纬度、高程	年平均地温	小比例尺	青藏高原	南卓铜等，2002
地面冻结数模型	冻结指数、融化指数	地面冻结数	小比例尺	中国东北	吕久俊等，2008
扩展的地面冻结数模型	冻结指数、融化指数、E 参数	地面冻结数	小比例尺	青藏高原	南卓铜等，2012
K 模型	植被、雪盖、土壤含水量、土壤热性质等	活动层厚度及活动层底部温度	小比例尺	青藏高原	王之夏，2011
多年冻土顶板温度模型	融土和冻土导热系数、融化和冻结期间的 n 系数、气温的融化和冻结指数	划分多年冻土的顶板温度	中小比例尺	青藏高原	吴青柏等，2002a
多元自适应回归模型	高程、太阳辐射	多年冻土二值图	中比例尺，山地	温泉	Zhang et al.，2012
概率方法	钻孔数据，高程	多年冻土概率图	中小比例尺	柴木铁路、青海省东北部	李静等，2010；Li et al.，2009
数据融合方法	多源数据	多年冻土二值图	中小比例尺	中国、青藏高原	Ran et al.，2012

1. 小区域制图方法

对于小区域的中等比例尺冻土制图，需要在收集制图区域较为详尽的调查资料的基础上，通过综合考虑坡向、高程、地表覆被特征信息，构建多年冻土与这些因子的关系模型，可以得到良好的模拟效果。考虑坡向的高程模型的制图流程概述如下：

（1）选取与山地多年冻土分布下限显著相关的纬度、坡向作为影响因子。使用研究区根据钻孔揭露的多年冻土分布下限分坡向建立与纬度呈指数形式的下限分布模型。

（2）根据研究区的纬度分布和坡向信息，得到每个格网的下限分布。与研究区高程对比，判断是否存在多年冻土分布。

对于小区域的山地多年冻土，地形和日照是重要的多年冻土发生发育的因素，多元自适应回归模型（MARS）被证实是较好的方法。其流程概述如下：

（1）获取制图区域内已有冻土分布调查的样本数据。这些数据可以来自冰缘现象判断、钻探、物探、甚至模型模拟。如果有条件应该结合钻孔揭露的情况进行校验。

（2）结合多种地形数据，如 ASTER GDEM 数据等，提取经度、纬度、高程、坡度、坡向、曲率等地形因子，还可以利用常用 GIS 软件获取潜在直接入射辐射。对上述多种因子进行定量化的聚类和相关性分析，找到对多年冻土存在影响最大的因子。如张秀敏对温泉区域的研究，分析得到高程、1~5 月份的潜在直接入射辐射等 12 个影响因子之间的关系较为显著。

（3）在此基础上，建立研究区的反映多年冻土分布与影响因子之间的关系的 MARS 预测模型，然后计算得到该区域的多年冻土分布预测值。

（4）通过实测点找到区分多年冻土存在的阈值，然后以这个阈值为依据划分出研究区的多年冻土图。

2. 大区域制图方法

对于大区域小比例尺的制图，通过收集一定数量的钻孔地温观测资料、多年冻土分布特征调查资料，通过建立经度、纬度和高程与年平均地温的关系，基本可以反映主要的多年冻土分布规律。根据南卓铜做出的研究，年平均地温模型的基本流程概述如下：

（1）将从北向南基本横穿青藏高原的大片多年冻土区和能够代表青藏高原特性的钻孔点的年平均地温与纬度、高程进行线性多元回归统计，构建关系。

（2）依据地形资料（如遥感的 DEM 数据），提取高原面的纬度、高程值，通过建立的关系，计算整个研究区每个栅格的年平均地温值。

（3）根据研究区每个栅格的年平均地温值，应用高原冻土分带指标（程国栋和王绍令，1982），划分出整个区域的多年冻土分布状况。

如果在研究区有详尽的小区域冻土填图，或者有小区域可靠的冻土分布先验知识，通过率定区域内土壤水热性质，应用扩展的地面冻结数模型可以得到较为可靠的模拟结果。以青藏高原的模拟为例，基本流程概述如下：

（1）一般通过地表 0cm 温度计算研究区的地面冻结、融化指数。但是，由于高原的实测 0cm 温度数据有限而且分布不均，可以利用已有数据的内插或者重建 MODIS 地表温度（LST）产品计算求得。需注意 MODIS LST 并不等于 0cm 温度，可以应用回归、神经网络等方法建立 MODIS LST 与 0cm 温度间的关系，以推求 0cm 温度。

（2）结合扩展的地面冻结指数模型，使用研究区内若干个典型区的多年冻土调查资料（包括钻孔、坑探、探地雷达、瞬变电磁法等）分别率定各区内反映土壤性质的热物理参数 E。率定时可以手工以 0.1 和 0.01 的步长多次率定，或者采用自动优化方法。

（3）根据 DEM 计算得到的地形特征和其他如积温等气候特征把青藏高原划分为若干个区，根据相似性原则建立划分出来的每个区与典型区的对应关系。借助扩展的地面冻结指数模型，使用来自对应典型区的率定好的 E 值进行每个分区的模拟。最后合并各个区的模拟结果生成整个多年冻土分布图。

（4）验证结果。可以与已有图件就多年冻土面积、空间分布进行对比分析，也可以与现场实地调查结果和专家知识进行相互验证。

3. 综合制图方法

实际开展分布制图时，往往是多种制图方法的综合利用。当在制图区域存在更详细的小区域多年冻土调查资料，可以先结合小区域大比例尺制图方法得到相对可靠的小区域分布情况，然后以小区域冻土分布为先验知识，对大区域制图方法进行参数率定或者作为结果验证。综合制图方法也是制图区域各种资料的综合利用，除了传统的多年冻土调查和监测点的数据，也要充分利用遥感和各种地理信息数据。

对制图结果的误差分析是制图的必要环节，包括输入数据的误差、数据处理的误差、模型误差等。不同制图方法往往得到基本分布特征一致，但在细处有差异的结果。差异较大的地方是误差分析和结果可靠性分析需要重点关注的对象。这时可以结合专家知识和植被、土壤、冰缘地貌等周边环境的分布情况对各种差异进行判断和识别，也可以结合数据融合方法，把不同来源的结果进行融合。对于争议大的区域，有必要进行实地补充勘探。

8.4.3　多年冻土特征制图

多年冻土特征（专题）制图主要是对多年冻土的基本特征，如活动层厚度、年平均地温、多年冻土上下限、多年冻土厚度和地下冰含量等内容进行定量分类，然后以图件的形式予以表达。

多年冻土专题图以某种基本特性为主要表达对象，可以辅以其他要素。比如多年冻土分布图可以点状要素形式绘制实测钻孔处的年平均地温。冻土地温分布等值图可以叠加到多年冻土类型图之上。多年冻土专题图可以是从典型区填图的基础上形成，也可以是通过一些数值建模的方法模拟得到。在实践中，由于多年冻土区域环境恶劣，实际调查资料有限，结合地理信息系统技术和冻土模型得到专题分布图成为经常采用的手段。

1. 多年冻土活动层

多年冻土区的活动层变化最为活跃，对区域内的工程建筑物基础的破坏多是由活动层变化引起。庞强强等（2006）利用地面温度观测数据和数字高程模型，通过斯蒂芬公式计算得到多年冻土区的季节融化深度，结合 GIS 成图。制图精度极大取决于制图区域制图单元的土壤性质（容重、含水和含冰量）和地面温度的精度。土壤性质可以采用基于第二次全国土壤普查数据，或为陆面过程模型准备的中国土壤特征数据集。表层土壤含水量可以通过遥感数据如 AMSR-E 等估算，但深层含水（冰）量则需要陆面过程模型或者其他冻土模型结合实际调查点数据进行模拟。

如果制图区域较为平坦，气象条件均一，可以通过制图区域及周边有限气象站资料通过克里金插值等地统计方法得到整个区域的气象条件。如果制图区域地形复杂，则要考虑高程地形对地面温度的影响，一方面可以采用考虑高程影响的插值方法（如 MicroMet），另一方面可以采用如 MODIS 地面温度（LST）等遥感数据源。MODIS LST 因为云覆盖导致数据缺失，在应用前需要进行空间和时间上的插值。

2. 年平均地温

年平均地温指多年冻土地温年变化为零的深度处的地温。程国栋（1982）认为年平均地温能更好地表现多年冻土的地带性和区域性等因素的综合影响。南卓铜等（2002）根据已有钻孔地温资料建立了青藏高原的年平均地温模型，其公式如式（8.1）所示。然而根据庞强强等（2011）的研究，在地形复杂的区域多年冻土地温可能主要受控于局地因素，只考虑经度、纬度、高程的年平均地温模型不能反映微地形的影响。

$$T_{cp} = -0.83\phi - 0.0049E + 50.63341 \qquad (8.1)$$

式中，T_{cp} 为年平均地温（℃）；ϕ 为十进制表示的纬度（°）；E 为高程（m）。

需要注意的是经验统计公式有区域适用性，如公式（8.1）适用于青藏高原，如果有更多的实测资料也可能使得回归系数发生改变。在其他区域时，可以采用类似方法，但不是直接使用此公式。实际制图时，纬度和高程信息可以从合适分辨率的数字高程数据上获取。通常用的 DEM 数据有 30m 的 ASTER G DEM、90m 的 SRTM，或者国家测绘局提供的 DEM 等。

3. 冻土厚度及上下限估算

冻土厚度可以依据如式（8.2）的简单公式进行估算。

$$h_f = -t_{cp}\frac{\lambda}{q} + h \qquad (8.2)$$

式中，h 为地温年变化深度（m）；t_{cp} 为年平均地温（℃）；λ 为土的导热系数（W/（m·℃））；q 为地中热流（$q=g\lambda$；g 为地温梯度，单位℃/m）。

根据瞬变电磁法和钻孔资料，发现多年冻土下限和 10m 地温有很好的线性关系，复相关系数可达 0.93。南卓铜等（2013）在模拟青藏高原西部区域的多年冻土下限时依据此关系（式（8.3））。

$$H = -29.068T_{10m} + 13.708 \qquad (8.3)$$

式中，H，T_{10m} 分别为多年冻土下限深度（m）和 10m 处地温（℃），其中 10m 处地温可以分坡向通过同经、纬度、坡度、高程回归预测求得。南卓铜等（2013）在青藏高原做出的研究表明：东西坡、平地北坡的 10m 地温与高程、坡向、经纬度相关性显著，而在南坡主要受到太阳辐射的影响。

多年冻土基本特征制图依赖于最新的研究进展，尤其是数值建模进一步发展。比如多年冻土中的地下冰含量，在气候变化情景下十分受关注，但其分布空间的异质性十分强，通常的插值方法无法得到满意的结果，目前陆面过程模型能反映一定的水/冰含量空间变化趋势，但也无法得到可靠的水/冰含量数值。

8.4.4 多年冻土剖面图

多年冻土剖面图不仅是编制区域多年冻土分布图的基础资料和依据，也是准确展示沿地表特定方向垂直切面上多年冻土特征的重要图件，其弥补了多年冻土分布图主要展示多年冻土特征在水平方向差异的不足，是多年冻土分布图的重要附图。多年冻土剖面图是按照与多年冻土分布图（或专题图）相同的水平比例尺和放大特定倍数的垂直比例尺，利用不同符号记录和展示某一方向剖面中的地貌形态、地层岩性、地下冰特征和含量、多年冻土上下限、地温状态等信息的图件。它是基于对沿剖面线的踏勘、钻探、物探、监测等各类资料的综合集成编制而成。多年冻土剖面图也可在普通地质剖面图基础上绘制而成。普通地质剖面图的主要内容应包括剖面方向、地形、地貌及地层的岩性、厚度、时代及产状，它可表现出褶皱形态、断层性质、岩体和矿体的形态，并可表示它们的位置和规模等，而多年冻土剖面图的编制需要适当取舍普通地质剖面图填图信息，保留与多年冻土有关的信息，如岩性、地下水位、主要构造特征等，增加有关多年冻土特征、类型等的信息。

绘制多年冻土剖面图一般采取如下步骤和方法。

1. 明确多年冻土剖面图的制图目的

不同的制图目的需要强调的重点不同，除了包含典型的多年冻土特征信息，如多年冻土上下限、地下冰特征等以外，多年冻土剖面制图也应根据需要添加一些特殊的冻土信息和普通地质制图所需要的信息，如一些冰缘现象、关键的地物、典型的地貌等。对于一个具体的工程而言，可能会根据需要给出该工程关键部位不同方向的多年冻土地质剖面图，如多年冻土地区公路工程上常用的线路纵剖面图和多年冻土地质条件较差位置的横剖面地质图；对于区域多年冻土调查而言，需要绘制平面图上不同点位、不同方向、不同范围及不同比例尺的图件。剖面图系和平面图相结合，既可以了解大范围一般地区的冻土状况也可以了解局部特殊地区的冻土发育特征，从而达到对该区域冻土发育状况的立体把握。

2. 调查区的地质资料搜集和现场调查

地质资料搜集的内容包括该地区已有的多年冻土信息、地形图、水文地质资料及图件、区域调查资料及图件，其中多年冻土信息包括该地区做过的物探、坑探、槽探、钻探资料相关图件。当搜集的资料信息不全不能满足制图目的或者对已有资料的可信度有怀疑时，就要依据多年冻土剖面制图的需求补充调查。对于一般的多年冻土剖面制图而言，需要调查的内容包括多年冻土的分布边界（包括平面意义上的南北界、东西界，也包括海拔界限）、多年冻土的上限和下限、活动层特征、多年冻土的温度、含冰状况、连续性及冰缘现象等。

3. 确定剖面制图的比例尺

如果是作为多年冻土分布图的附件，多年冻土剖面图采用的比例尺一般应与多年冻土分布图相同或放大，垂直比例尺应根据制图范围、内容、精度等信息适当放大。当编制局部地区剖面图，尤其是需要特别展示某个小区域的局部信息时，需要根据实际需要在多年冻土分布图的基础上在水平和垂直方向上成倍乃至数十、数百倍增大比例尺，以更好展示多年冻土特征的细节。

4. 剖面线位置的选择

多年冻土剖面图或剖面线选取的主要原则包括：

（1）对于为线状工程服务的剖面图，沿线状工程作为综合剖面图的主剖面线，然后根据工程需要设置若干条垂直于主剖面线的短小断面作为辅助剖面线。

（2）对于以区域多年冻土填图为目的的制图：①多年冻土特征变化最大、多年冻土类型最多的剖面，剖面上所能展示的多年冻土特征和类型尽可能覆盖整个制图图幅范围内的多年冻土。②野外工作最详细、资料积累最丰富的线路。③地势、地形、地貌、岩性等变化最剧烈的剖面。④地表覆被,如植被状态,变化最快,类型最多。⑤尽可能垂直于主要构造单元的走向,如断层断裂、背斜向斜等。⑥沿图幅内主要交通干道的线路。

  从实际操作来看,冻土剖面制图的选线往往根据一些地貌、地物和地形就可以确定。譬如,如果调查区的植被变化较大,可以沿着植被演替最剧烈的方向进行调查(图8.5a);如果调查区分布有河道或者湖泊,可以选择垂直于河岸或者湖岸的方向(图8.5b);如果处于山谷地带,可以选择垂直于山谷走向的方向;如果在越岭段开展工作,可以选择一条垂直于岭脊的方向跨越山岭来绘制冻土地质剖面。事实上,影响调查区冻土发育状况的因素可能有很多,在这类地区绘制冻土剖面图时,必须要抓住重点,选择最影响冻土发育的因素来布设断面,在时间、经费允许的范围内,也可以根据其他重要因素来布设小型的调查剖面。

图8.5 冻土剖面制图的选线

  上述选线原则对于普通冻土调查而言可能是适用的,但当服务于特定的任务时,剖面制图的选线还需要在参考上述原则的基础上根据工作目的来确定。

5. 地形剖面的制作

根据不同的目的，可以选择不同的地形剖面制作方法，对于大范围小比例尺的剖面图制作，可以采用从地形图上直接量取水平距离和高程的方式来进行；对于仅作展示用的剖面图制作，可以采用目测、手绘的方式来进行；对于范围较小，对剖面图制作精度要求不高的情况，可以采用人工手持 GPS 踩点的方式进行绘制；对于精度较高的工程需求而言，可以采用高精度 GPS 或者全站仪等测量手段进行制作。

地形剖面图的绘制步骤如下：①在方格纸上引一水平线（$A—B$）作横坐标，代表基线。用以控制水平距离，其长度与图面上 $A—B$ 长度相等，其方向一般规定左端为北或西、右端为南或东（按看图人的左，右方向）。②在基线一端或两端引垂线作纵坐标，用以控制地形的高度，按垂直比例尺标注高度，所标高度值范围，应以满足剖面线所经过的最高和最低点的高程为原则，亦可从海平面起算，视具体情况（以图的美观、协调为原则）而定。③将基线（$A—B$）与图面上（$A—B$）平行对准，将 $A—B$ 与地形等高线的一系列交点，垂直投影到 $A—B$ 上方相应高程的位置上，从而获得一系列的地形投影点，然后用圆滑曲线，逐点依次连接而成剖面图的地形轮廓线，并在其上方相应位置标注地物名称（山峰、河流、村庄等），则成为地形剖面图。

6. 画出主要的普通地质调查剖面信息

包括主要的地形点、地质点、地质体的产状、倾向、倾角和典型的地质构造等，用规定的符号和花纹按产状将剖面图中各地层的岩性、时代、沉积类型、接触关系和岩体岩性等标注在图内，制图过程中实际标注的内容根据任务要求来定，总之这部分内容是对冻土信息的有益补充。

7. 多年冻土信息填图

沿着地形剖面线，在相应的调查点上，明确填注坑探、槽探和钻探所反映的多年冻土信息，包括活动层的厚度、多年冻土上限和下限位置、不同层位的含冰状况、多年冻土地温、冻土的分布类型等。

8. 多年冻土剖面制图

依据物探调查，如果物探信息和钻探、坑探调查资料一致，可以直接根据物探的调查结果制作剖面图，如果在深入解译后物探信息和钻探、坑探调查资料有冲突或者物探信号中间有异常，可以在适当增加钻探或者坑探工作的基础上再进行制图。

9. 成图

在规定的位置标注图名、比例尺、剖面方向、作图日期和作图者姓名等；最后整饰成准确、美观的地质剖面附图。

8.4.5　地图概括及多年冻土图件说明书的编写

地图概括就是把空间中主要的、本质的数据提取后联系在一起，形成有取舍、主次分明的新图。制约地图概括的因素包括地图的主题和用途、比例尺、地理区域特征、数据质量和图解限制。其中比例尺决定了要素数量的选取，是地图概括首要考虑的因素。多年冻土分布和特征制图往往工作在像元级别，成图前需要归并和进行概括。

地图概括包括以下方法：

（1）分类：即空间数据的排序、分级或分群。在冻土分布图上，依据冻土类型进行分类。包括层次分类、数量分级、等级合并、降维转换、分区选取等内容。注意冻土区划的原则之一是各区不重叠，如果发生重叠情况，需要进行类别上的调整。而冻土特征图件往往是数量上的分析，数量区间的划分要考虑冻土研究中的通常分法。

（2）简化：根据比例尺不等，对细节进行取舍。简化分为删除和图形化简。删除的最小尺寸是按照成图比例尺进行量度的。图形形状简化的基本要求是保持轮廓图形和弯曲形状的基本特征、保持弯曲转折点的相对精确性、保持不同地段弯曲程度的对比和内部结构的简化。一般的地理信息系统软件都具备相应的简化功能。基于像元的多年冻土分布制图时，当一个连续分布的类别里有零星分布的其他类别，应根据比例尺的要求，舍去一些小图斑，并平滑一些边缘。需要注意的是，多年冻土区中实际上有融土，较大面积出现的融土区域，或围绕典型地貌出现的融土（如湖泊周围）可以考虑保留。

（3）夸张：一些标志地物、人工建筑在给定比例尺下可能被舍去，但由于其重要性，进行适当的夸张。包括局部放大、位移、合并、分割等手段。其中位移主要是为了保持地图上各要素相互关系的正确对比，当主要素占领了位置以后，相邻要素必须局部位移。如青藏高原多年冻土制图时，考虑到青藏高原面积广袤，青藏公（铁）路、主要地名需要标志，而一些重要的冻土监测场（点）、活动层监测点位于青藏公路附近并可能十分靠近，为了突出指示这些位置，需要适当的夸张和修饰。

（4）符号化：地图是符号化的表示方式，冻土基本特征、相对重要性和相关位置都制定成各种图形标记于地图上。地图符号应遵循相关规范。对于特殊的符号，满足直观、美观的要求。

多年冻土调查成果表示到地图上之后，需要编制所有图件的说明书，说明书中应包含以下信息：①阐明研究背景；②成图原则、制图方法，包括采用的各种方法和公式；③数据及来源说明；④各类图件中出现的所有多年冻土类型、特性的描述和统计及汇总结果；⑤制图精度和误差分析。

8.4.6　多年冻土图常用符号

地图符号是用来表达制图对象空间分布、数量、质量等特征的信息载体，包括各种形状、大小和不同色彩的图形及文字。多年冻土图的符号遵循一般专题地图符号的设计和应用原则。

（1）通用的制图对象如铁路、公路、水系、湖泊、地名、植被土壤类型等可以、也应该沿用地形图上常用的地图符号。

（2）一些冰缘地貌和冻土性质在地形图、水文地质图或其他专题图等图件上已经有较成熟的符号表示方式，应该优先采用这些符号。

（3）参考已经出版的冻土图的符号表示方式，目前冻土图符号并没有形成一个统一的标准体系，但对于表达清晰设计合理而被冻土研究人员广泛采用的符号，应该优先采用。

（4）当需要表达的冻土现象和性质没有合适的符号，或者需要表达不一样的内容时，根据地图符号设计原则进行细致设计。

一般讲，多年冻土被表示为冷色系；季节冻土区域采用暖色系着色。冰缘地貌一般以各种象形的点状符号指示，也可以考虑复合符号以表达多种冰缘地貌并存。多年冻土调查目的的钻孔往往在点符号的周围标明钻孔揭示的多年冻土上限和下限，或者标明钻孔处的平均气温、年较差，或者钻孔揭示的多年冻土年平均地温等信息。

8.4.7　成图出版

成图出版是数字制图的最后步骤。正式出版的一些问题需要注意：

（1）地图出版是由法律法规来规范的，包括《中华人民共和国测绘法》《中华人民共和国地图编制出版管理条例》《地图审核管理办法》等。比如中国国界，必须要采用国家测绘局给出的相应比例尺的标准边界。正式出版的内容需要送测绘部门进行审核。冻土研究区比如青藏高原西部区域的高分辨率地图可能还有保密的审核。

（2）为了方便进一步编辑地图，除了提供图像格式的地图，必要时还需提供 GIS 地图格式及对应的源数据。另外注意数据属性的统一，包括统一的比例尺、统一的地图投影、与底图统一的内容套图框。此外，建议把数据提供为通用交换格式，比如 Arc/Info 的 E00 格式、ArcView 的 Shapefile 格式、MapInfo 的 Mif 格式。地图编辑出版系统通过转换接口转为其自己的格式。

（3）印前打印检查是重要的步骤，但通常没有得到足够重视。印前打印要检查的项目包括地图样张、PostScript 代码、组版和编排、胶片和印刷样张。其中地图样张重点检查地图上的文本、地图要素和颜色的准确性。打样把关后，还可以请制图专家进行监印，以便在印刷过程中发现问题后能及时修正。

经过地图编辑的地图制作工艺流程和印前处理，地图进入计算机直接制版系统印刷出版。

第9章 | 多年冻土数据库与信息系统

多年冻土区，大多是人烟稀少的地区，无论是野外实地调查和监测的数据资料，还是取得的标本样品，科研和技术人员均付出了数倍于中低纬度、低海拔地区工作的努力，获取的数据资料来之不易，也非常珍贵。因此，建立多年冻土数据库及信息系统，并实现最大程度的数据共享，充分高效利用多年冻土数据，为人类生产实践和科学研究服务。

多年冻土数据库设计首先要满足冻土科学发展的需求，不仅需要保存直接描述冻土性状的各种数据，也需保存与多年冻土形成、发育与演化有关的各种环境数据；不仅需要保存原始的调查数据，也需保存针对特定研究目的进行分析、建模运算后的各类数据，以满足不同层次多年冻土科学研究对数据的需求。

9.1 数据前处理

9.1.1 数据类型

多年冻土调查除了调查多年冻土特征，还包括植被、土壤等多年冻土形成发育环境的调查。涉及的数据主要包括气象、地质、地貌、生态、资源环境、遥感等多个学科的各种数据类型，也包括钻探、物探（瞬变电磁法、探地雷达等）、常规气象、水文、多年冻土监测、土壤、植被调查等不同手段产出的不同格式的数据以及基础地理信息数据。

数据库设计前，首先根据数据处理程度的不同，将数据分为 Level 0、Level 1、Level 2 三个层次，其中 Level 1 分解为 Level 1A 和 1B。各层次含义如表 9.1。三个层次的数据都进入数据库。

表 9.1 不同数据处理层次

	含 义	共享情况
Level 0	调查采集得到的最原始数据，未经任何处理，数据可能包括各种原因（比如仪器不正常工作）导致的错误	一般不对外共享
Level 1A	数据经过初步的错误排查和初步的质量控制，一些显而易见的不一致性被排除	一般不对外共享。项目合作通过签订数据共享协议可以获取
Level 1B	数据经过质量控制，数据经过一定的科学研究应用，数据质量可以得到保证	可以对外共享
Level 2	在 Level 1B 的基础上，经过再分析、模型运算得到的次生产品。一般有论文或者详细的文档支持此类数据的生产过程	对外共享

多年冻土调查所收集的背景数据一般属于 Level 1 或 2 级别，是经过一定质量控制程序后能够直接应用的数据。而多年冻土野外调查直接产出的数据形式多样，具有不同的特点，需要按照数据处理层次进入数据库：

（1）多年冻土数据：钻孔编录剖面、钻孔剖面野外测量数据（含水量、含冰量、容重）、野外物探实测数据、地温测量数据、活动层监测数据、样品实验室分析测试数据等，一般作为 Level 0 最原始的数据入库。进行基本质量控制，排除显著错误后形成的数据一般为 Level 1 级别。对这些数据解译和分析后的数据，如物探解译数据后分析多年冻土分布边界数据、活动层厚度数据、多年冻土下限数据则一般归为 Level 2，可以直接用于进一步研究。

（2）土壤数据：野外描述数据、实验室样品分析数据等作为 Level 0 入库，经过检验的土壤数据归为 Level 1，而比如基于土壤调查数据或者遥感数据形成的土壤类型图等是 Level 2 等级。

（3）植被调查数据：野外编录数据、室内分析数据一般是 Level 0 级别；植被类型图则归入 Level 2。

（4）气象监测数据：原始监测数据（Level 0）可能包括仪器错误，需要经基本质量控制，形成 Level 1；基于气象站点形成的区域气象要素分布数据则是 Level 2。

从数据的物理存储格式看，入库的数据有表格数据、时间序列数据、文件形式存储的影像数据等。表格数据比如土壤、植被调查数据等，结构化强，适合以数据库形式结构化存储，方便对数据的深层次分析利用。时间序列数据如各种监测数据，一方面有表格数据的特点，有较强的结构化，另一方面具备时间轴特点，比如观测密度（或时间步长）、观测起止时期等都是重要的信息。时间序列数据可为相关模型提供驱动数据，被广泛应用，数据库需要针对时间序列数据的特点专门组织存储，并优化支持其经常涉及的一些函数（比如基于时间段的提取、不同时间尺度的转化等）。遥感数据等数据占用的存储量很大，目前不适合直接以数据库存储，一般以单独文件存储，在数据库中记录相关信息以备检索。遥感数据的分析处理往往需要借助专业的遥感、地理信息系统分析处理软件，通过这些软件提供的应用程序接口（API）进行功能调用。

9.1.2　数据质量控制

受各种因素影响，人工或自动观测得到的数据可能存在误差，甚至错误。因此，在使用数据前首先需要进行质量控制。质量控制包括人工手段和非人工干预法，其中人工质量控制依赖于数据检验人的专业知识，非人工干预法也往往需要专业人员首先进行针对数据类型特点的检查，然后针对数据特点和数据质量状况利用数据质量模型进行批量处理。质量控制的对象包括入库的 Level 0、Level 1 数据。Level 2 是再分析资料，由数据生产者对质量进行控制。其中，由自动观测设备获得的数据，包括气象、水文、环境、物探等数据，是质量控制的重点。

1. 数据质量模型

数据质量模型用以描述观测数据的各项质量因子。采用三级质量因子方案，如表9.2所示。

表 9.2　数据质量评价模型

一级	二级	三级	度量	评价
正确性	检验正确性	CRC 校验 MD5 校验	正确/错误 正确/错误	可用/不可用
完整性	序列完整性		完整/遗漏	可信度等级
有效性	值域有效性 文件格式有效性	时间、温度等	有效/无效 有效/无效	可信/不可信 可用/不可用

2. 自动质量控制

针对观测数据可能存在的数据异常、软硬件故障导致的数据错误等，建立基于知识规则体系的数据自动质量控制流程。对经过质量控制的数据加评价标记，一并进入数据库，形成不同处理层次的数据集。被评价为不可用的数据，在经过人工确认后，可以永久性删除。

多年冻土调查产出多种类型的数据，质量检查和控制方法各异。举例如下：

（1）野外调查数据：重点核查数据录入的正确性。录入后应该把时间序列画成曲线，根据专家知识大致判断是否有异常值，如有则需要处理，而后有多人进行随机抽查以审核录入的正确。同时检查数据在水平、垂直方向上的分布，重点检查缺失、极值、一致性等基本质量问题。

（2）自动采集仪器记录的数据：重点检查数据缺失、仪器错误造成数据异常等问题。可以通过比如莱特准则等一系列的数学方法进行判别。针对自动采集数据的初步质量控制方法可以参阅刘丰和郭建文（2013）的工作。

（3）地温数据：在青藏高原 60cm 深度以下应该基本无日变化；在年变化深度（青藏高原一般为 10~15m）以下，无地温年变化。如果地温数据发现这些异常，则说明地温数据可能有问题。

（4）土壤水分数据：土壤水分在不同土壤类型有一定的变化区间，但不会显著超出该土壤类型区域。体积含水量不超过 100%，而重量含水（冰）量则可能超过 100%。土壤水分廓线表现出冻结锋面水/冰含量聚集的特点。在未受外源影响时，各深度土壤水分的逐时变率一般较低，据此进行土壤水分数据的时间一致性检查。

（5）植被土壤数据：注意到多年冻土发育在寒冷或者高海拔区域，植被和土壤类型和性质也具有对应区域特点，可以根据这些区域特点进行数据质量判别。

（6）气象数据：多年冻土区多是寒冷或者高海拔区域，有寒区的气象气候特点。

（7）物探数据：物探估计多年冻土上下限是间接的方法，要与该区钻孔揭示的多年冻土上下限进行相互验证，如果差异太大而没有合理解释，就需要进行质量控制。

9.1.3　数据标准化

经过质量控制的数据，需要对数据进行整理和标准化，产出一系列标准数据集对外提供共享。包括：

（1）数据完整性检查：检查数据和数据描述信息的完整和真实，通过元数据和数据文档补充必要的说明信息。数据的说明信息重点包括数据源、数据采集/生产的流程和数据类型编码的完整性、数据作者及其联系信息、数据生产或出版时间、地图比例尺、地图投影等。由于实践中发现很多宝贵的数据因为缺少地理位置而不能使用，因此需要特别强调的是，包括多年冻土调查数据在内的任何地学数据，只要有空间属性，都需把地理位置记录在案。

（2）制定数据标准规范，进行数据标准化处理：针对各类数据，如果有常用数据格式则采用，如果没有，自行制定统一格式。本手册给出很多种数据的标准表格，建议采用。入库数据进行必要格式转换，统一到标准格式。对于观测数据，时间基准年和观测时段需要规范，并作为数据收集时的重点参考。对于空间数据，还需要规范空间参照系、地图投影等信息。

9.2　多年冻土元数据

多年冻土调查元数据是描述有关多年冻土分布、特征及环境因子等各类调查数据的数据。元数据是为数据共享而配置的辅助数据。目前国际上数据共享系统多数是基于元数据建立（图9.1）。尽管目前如生态、资源环境、气象、地质、地理空间信息等行业都建立有自己的元数据标准，但考虑到多年冻土数据的特殊性，即其具备多学科交叉的特点，有必要形成多年冻土专门的元数据标准。基于地理信息元数据的国际标准 ISO 19115，本节初步建立了适合多年冻土调查的元数据标准，但要形成成熟的行业标准，还有很多工作要做。

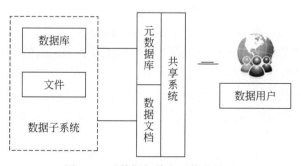

图 9.1　元数据与共享系统的关系

9.2.1　元数据

科学数据的正确使用往往需要知道很多信息，比如各个数据项的含义、单位、文件格式、数据质量状况、限制使用信息等。如果数据是野外采集的，需要知道采集点、野外场地的情况、当时的天气情况、所使用的仪器及精度等；如果数据是经过处理或者再分析的，更需要知道数据的处理流程，处理者对数据精度、误差的评价等。此外，数据所有者也希望数据使用者有适合的致谢形式，比如引用其论文、致谢数据支持项目等。这些信息都不是数据本身所能携带的，是附加于数据之上的规范化的信息，我们称之为元数据。元数据是数据共享的基础，元数据提供了必要的规范信息以指导数据用户正确使用数据。

不同的数据类型需要不同内容的元数据项，比如时间序列数据需要时间步长、起始日期等元数据，遥感影像则需要知道影像格式、分辨率、投影方式、影像时间等元数据项。出于数据有效检验性的需要，一个共享系统中的元数据往往有最小元数据项的规定。多年冻土调查数据的元数据项至少应包括：数据标题、数据引用日期、数据类别、摘要、数据质量控制情况、元数据联系人、元数据创建日期、数据空间位置。鉴于元数据项是结构化的，一些非结构化的信息通过数据文档的形式进一步补充描述（图9.1）。

目前元数据的物理存储多以 XML（扩展标记语言）形式存储在数据库中，也可以格式化为复杂的数据库字段分别存储。

9.2.2　元数据标准

针对数据特点，形成不同的元数据标准。元数据标准规定和推荐了描述某类或某几类数据的元数据项。国际标准化组织 ISO 颁布了多种元数据标准，国家、地区和行业也有自己的元数据标准。考虑到多年冻土本底数据包括生态、资源环境、气象、地质、地理信息等多学科数据，与多年冻土调查数据有关的元数据标准有以下几种：

（1）地理信息元数据标准，包括国际标准 ISO 19115、ISO 19115-2、国标 GB/T 19710-2005 和行业地理信息元数据标准（如海洋测绘）。规定了描述地理空间信息数据的各种元数据项。

（2）生态科学数据元数据，如 GB/T 20533-2006，针对我国生态科学数据归档、管理、交换、共享和使用需求，规定了元数据项。与 ISO 19115 相似，生态元数据标准强调了观测场地、方法以及观测内容的描述。

（3）环境信息元数据规范，由环保部信息中心组织，主要包括环境信息资源的主要内容、格式、质量、处理方法和获取方法等。环境信息强调各类监测和调查数据（沈体雁、程承旗，2000）。

（4）国土资源信息核心元数据标准（TD/T 1016-2003），主要参考 ISO 19115 标准提供国土资源数据共享和交换的推荐性核心元数据项。

（5）地质信息元数据标准（DD2006-05），是由中国地质调查局颁布的技术标准，在国土资源信息核心元数据标准基础上进行了扩展。

（6）气象数据集核心元数据（QX/T 39-2005），提供了气象数据集的标志、内容、分发、数据质量、限制等信息。该标准实际应用于国家气象元数据的建库和发布。

（7）土壤科学数据库元数据标准（TR-REC-016-01），采用的是科学数据库核心元数据标准，包括土壤数据的采集、处理、分发和共享等主要信息。

多年冻土元数据标准需要在以上国标、行标元数据标准的基础上进行定制、扩展，以满足多年冻土数据管理和共享的需求。科技部曾发布《元数据标准化基本原则和方法》（SDS/T 2111-2004）以规范各行业学科形成各自特色的元数据标准。

编制多年冻土元数据标准时需要遵从以下原则：

（1）符合有关多年冻土调查数据的特点。针对共性特点形成规范，并能满足未来研究需求和长期存储的需要。

（2）最大限度减少冗余，增加实用性。去掉无关紧要的元数据项，强化多年冻土实践和研究关心的数据项，既涵盖共性也反映自身特色。

（3）充分满足未来扩展需求。应充分考虑未来有关多年冻土的生产实践和科学研究的可能需求，支持多年冻土元数据的进一步扩展。

（4）充分借鉴国内外先进的元数据标准，编制有多年冻土专业特色的元数据标准。

9.2.3　多年冻土元数据标准

科技部"青藏高原多年冻土本底调查"项目组综合 ISO 19115 地理信息、生态、资源环境、气象、地质、土壤元数据标准，初步形成了多年冻土元数据标准。一共包括了 12 个元数据实体包（图 9.2），即根实体元数据、数据资源标志信息、限制信息、数据质量、元数据维护信息、空间表示信息、参照系信息、内容信息、分发信息、方法信息、场地信息和项目信息等元数据包，各个实体包的定义见表 9.3。

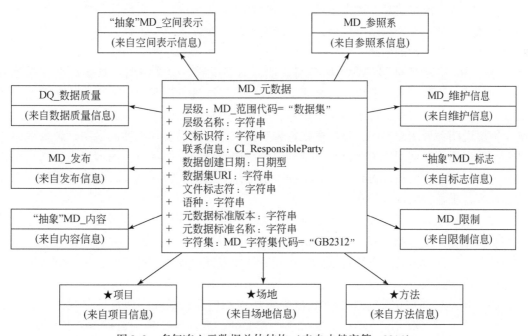

图 9.2　多年冻土元数据总体结构（来自史健宗等，2014）

表 9.3 多年冻土元数据实体定义

元数据实体	定义
数据资源标志信息	唯一标志数据资源所需的基本信息
限制信息	访问或使用数据资源的限制
数据质量	提供数据质量的评价信息
维护信息	有关数据资源更新历史和频率等的信息
空间表示信息	空间栅格、空间矢量等空间数据集的表示信息
参照系信息	数据集使用的空间和时间参照系说明
内容信息	提供要素内容信息，说明数据内容及影像数据特征
分发信息	提供获取数据资源所需要的分发方和选项信息
覆盖范围信息	要素所涉及的空间、时间、分类等的范围
方法信息	数据产生过程中用到的方法
场地信息	产生数据的研究活动所在的野外观测场或样地的信息
项目信息	作为数据产生背景的研究项目的有关信息

其中根实体元数据包、限制信息包、维护信息包、空间表示信息包、参照系信息包、分发信息包包括了科学数据共有的元数据项，主要来自 ISO 19115 标准。

特别针对多年冻土数据设计的元数据项包括在内容信息、方法、场地、项目等元数据包里，反映数据内容信息、数据生产方法、野外调查场地描述、支持项目等与多年冻土相关的信息，包括了各种数据的生产方法、质量控制、研究方法、采样方法、分析方法等冻土分析处理十分关键的信息。

(1) 内容信息实体包包含数据类目说明、图层说明、影像说明、物探数据说明等项目。数据类目说明对数据所包含的要素类型及要素属性进行说明，比如土壤、植被调查数据在此项中对每个调查要素进行概括说明，时间序列数据则说明时间属性和数值字段的含义。图层说明项通用于空间矢量和栅格影像数据，包含图层及其属性的说明。影像说明项和物探数据说明项从图层说明继承，分别包含影像和物探数据特有的内容信息。冻土调查数据的内容信息实体包涵盖野外调查数据、定位监测数据、物探数据、背景地理信息和遥感图像等各类数据的内容描述。

(2) 方法实体包是冻土调查数据生产、制备和再分析过程中所用的方法信息，包括质量控制，观测方法、制备和模拟再分析方法等。质量控制包括异常、缺失数据说明，质量控制说明、责任者。观测方法包括场地布置、仪器布设、观测过程中的方法。制备和模拟再分析方法包括制备方法设计、采用的模型、采样及样品保存和分析等。

(3) 场地实体包记录冻土调查数据采集场地的信息，描述场地覆盖范围、面积、形状、场地的气候、水文、土壤、植被等场地相关的信息。各类冻土数据包含其监测场地、采样场地、探测场地等场地信息。

(4) 项目实体包是该数据所依托项目的相关信息，包括项目类型、项目人员、项目时间及资金来源等信息。

此外，数据资源标志信息、数据质量、覆盖范围信息、引用及负责方信息等元数据项在 ISO 19115 基础上进行了修改、剔除和扩展。

在实际应用时，本章建议的冻土调查数据元数据标准仅给出了元数据项的规范，未给出推荐的实施方案。多年冻土调查数据库研发人员负责此标准的 XML 实现，为了实现未来不同数据库系统间的互操作，需要严格兼容此标准。

9.3　信息系统功能

多年冻土数据库提供数据存储、管理和数据检索等基本功能，多年冻土调查信息系统还需要提供数据共享和必要的数据挖掘工具和分析功能。一个基于元数据的多年冻土信息系统总体框架，如图 9.3 所示，基本的功能包括面向数据提供者/作者的数据汇交与管理、数据发布，以及面向数据用户的数据共享和服务。

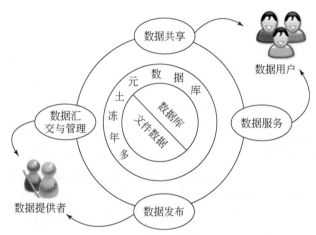

图 9.3　多年冻土数据库/信息系统总体结构

9.3.1　数据入库与发布

数据入库包括数据录入、批量导入、汇交等入库方式。数据录入是指利用数据库系统提供的指令或者信息系统提供的录入界面，人工录入数据条目。批量导入是从一些常用格式，比如 Excel 表，利用信息系统提供的导入功能，批量实现数据进入数据库。汇交是为数据提供者提供的高级功能，一般通过网络系统支持并发的数据入库，数据汇交往往还包括汇交协议、政策等确保数据提供者权益的内容。

基于元数据的多年冻土信息系统的数据入库，除了数据本身进入数据库（或者以文件形式存储），还包括元数据的创建和编辑，元数据项目兼容上文建议的多年冻土调查元数据标准，并包括推荐的最小元数据项。一般的流程是首先根据元数据模板，创建该条数据的元数据，元数据创建完毕后上传关联的数据，元数据和数据经过一定的审核流程后，通过共享系统对外发布。

入库前的数据须进行必要的前处理。元数据和数据在正式发布前须进行审核，即建立必要的数据准入制度，这是为了确保元数据能正确描述数据，同时数据具备良好的质量。审核流程如图9.4描述，通过引入专家评审确保数据质量。

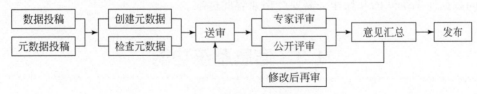

图 9.4　数据准入机制

准备发布的元数据条目赋以唯一标识符，即使未来该数据/元数据被删除，此唯一标识符也不会重用到另一数据/元数据，从而确保该数据引用的唯一性和来源的权威性。在实践中，推荐采用数字对象唯一标识符（DOI）进行标志。

9.3.2　数据发现

随着遥感、物探、高密度的数字采集仪等技术和设备在冻土研究中的应用，多年冻土数据库中的数据呈指数增长。如何从越来越多的数据资源中迅速发现用户感兴趣的数据，是多年冻土数据库/信息系统的核心功能之一。有以下方法可以采用：

（1）基于关键词的搜索。建立在元数据基础上的信息系统可以提供基于主题、时间、地点、学科等关键词的搜索功能。

（2）根据数据类别的导航。将多年冻土数据分解为地理信息、遥感影像、土壤、植被、钻探、物探、监测等几大类提供导航。

（3）多种浏览方式。基于列表、时间轴、地图、时空一体等多种浏览方式，可以帮助用户了解多年冻土数据库的各种数据情况。

（4）基于元数据的全文检索。如果元数据以 XML 存储，即可以简便地实现全文检索；如果分解为数据库字段，则可以使用元数据的标题、摘要等主要信息进行检索。

（5）多种方式的数据推荐。比如对一些特色数据集的专门推荐、基于用户浏览、下载热度的推荐，也可以实现随机推荐。

（6）数据关联。基于排序算法，建立关联模型，根据搜索的关键词，从数据库、搜索引擎、文献库等多个渠道，返回基于相关度的搜索结果。

找到数据后，首先呈现给用户的是数据的元数据页面，展示了元数据中的核心信息，包括标题、摘要、联系人、数据下载、引用等元数据项。元数据页面还包括数据间的交叉关联、数据和数据工具/模型的关联、数据和数据文档的关联、数据和搜索引擎的关联，甚至数据和相关文献的关联。这些功能的实现，有助于用户对数据深层次的了解。

9.3.3　实时数据系统

无线传感网络、数字采集设备的应用使得实时数据采集和传输成为可能。如图 9.5 所示，野外观测节点上部署观测探头和无线传输模块，组网把数据实时无线传递到邻近的网关，网关通过有线连接至互联网，从而连接到多年冻土数据库，经过数据前处理、质量控制后入库，通过共享系统对外实现准实时的数据发布和数据可视化。在具体实现时，野外监测实时数据系统的功能开始于野外数据采集，结束于数据入库，一般作为多年冻土信息系统的扩展，最终集成到多年冻土信息系统统一出口对外提供数据共享。

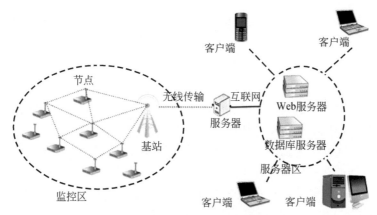

图 9.5　连接无线传感网络的数据信息

9.3.4　数据管理

从技术层面讲，数据管理需要提供一个后台界面对数据/元数据以及相关内容，比如用户反馈、数据新闻等进行管理。从共享层面讲，数据管理还包括如何决定一个数据是否共享以及通过什么方式共享。"中国西部环境与生态科学数据中心"提供了一种可以借鉴的数据共享管理方案。当收到一个用户的数据申请时，系统将从该数据的元数据中提取数据作者或数据联系人，通过电子邮件通知数据作者或数据联系人，要求其决定是否共享该数据，系统根据数据作者或联系人的意见决定是否最终共享。这种数据作者直接参与的数据共享管理至少有两方面直接的好处，一是保护数据作者的权益，让其决定是否共享，二是让数据作者知道自己数据的使用情况，提高了数据作者的共享意识和积极性。在实施时，为了控制申请进程，给数据作者作出决定的期限是两天，期满不回复即默认为允许共享。如果有多个数据作者，实现一票否决制。

9.3.5　可视化和简单分析功能

数据可视化是指数据以一种更直观的方式显示数据内容。多年冻土数据库包括多种数据类型，适合采用不同的可视化方式。具体实践中，数据可视化多用于数据预览，帮助数据用户在下载之前了解数据内容，在下载大数据前尤其有用。大数据的可视化往往消耗服务器过多的计算资源，通过采用合适的采样方法得到数据子集达到优化资源的目的。

（1）对于结构性强的表格数据，尤其是土壤、植被野外调查数据、土壤物理化学属性数据等，本调查手册给出了标准的调查表格，十分适合于以表形式进行可视化。基于 Web 的表格可视化可以在纸质表格的基础上进行调整，突出重点，细节可以超链接进一步给出。

（2）钻探结果有专业的钻孔图来描述，探地雷达、电磁法的剖面图和解释结果图，以及各种遥感影像都适合图的形式进行可视化。

（3）各种长时间序列监测数据，如气象、地温、活动层等，适合以曲线图形式可视化。时间序列可能很长，为了快速可视化，需要对绘图数据进行优化取样。

（4）上述各类数据均具备空间特性，土壤、植被调查、钻探、坑探、各种监测点表示为点状对象，探地雷达、电磁法剖面表示为线状对象，叠加到有各种基础地理信息的地图上，直观了解各种调查点的空间位置和周围环境特征。各种对象通过"热点"连接到各种相关表格、图片等各种关联信息，从而结合到上述各种可视化手段上。

冻土研究是专业性十分强的工作，多年冻土数据库/信息系统定位在充分的数据共享和便利的获取数据，在线分析功能不是重点。但为了使用户能在不下载大数据的情况下，能快捷获取数据的相关认识，一些简单分析功能集成在多年冻土信息系统中，主要包括两类：

（1）基于时间序列的分析。趋势分析、时间尺度变换等。

（2）基于地理信息的分析。缓冲区分析、基于空间范围的数据子集提取等。

9.3.6　冻土模型

多年冻土信息系统除了提供数据服务，还包括在线模型服务。如图 9.6 所示，多年冻土数据库和冻土模型库部署在远程服务器，与用户/客户端形成三角关系。冻土模型服务器支持模型列表、模型查询、设置模型数据和参数以及运行模型等主要服务。多年冻土数据库支持数据列表、数据查询和返回数据等服务。

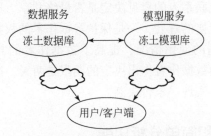

图 9.6　在线冻土模型示意图

　　用户首先查询 UDDI（统一资源描述、发现和整合）服务器，得到在其上注册的在线模型列表，然后选择感兴趣的模型，得到该模型的相关参数、驱动数据、模拟变量等信息。当用户向冻土模型库请求该模型，冻土模型服务器向数据库服务器自动发送数据请求，请求的内容包括数据类型、数据起止时间、时间步长、空间范围等信息，获取存储在冻土数据库的数据。返回的数据是标准格式，通过模型配套的模型数据格式化插件转化为模型识别的数据格式。模型服务器同时要求用户上传数据库服务器未检索到的数据。当数据和参数均具备，模型服务器调用计算服务器资源进行模型计算，模拟结果返回到用户/客户端。

　　这种三角形结构允许模型库和数据库独立构建，自由地开发模型并增加到模型库。结合多年冻土数据库的数据现状，有研究基础的并经验证的模型优先推荐加入模型库，包括：

　　（1）高程模型。根据高程数据计算多年冻土分布下界，从而模拟多年冻土分布。

　　（2）年平均地温模型。建立冻土区年平均地温与经、纬度、高程间的回归关系，通过年平均地温对多年冻土进行分类分区。

　　（3）地面冻结数模型。建立在物理推导过程上的简化多年冻土分布模型，使用青藏高原几个典型区进行参数率定，有较好的多年冻土分布模拟效果。

　　（4）多年冻土顶板温度模型。半经验半物理模型，考虑气温与地面温度的差异，以及冻融土质的导热系数差异引起的冻土顶板温度位移。

　　（5）一维热传导多年冻土水热相变模型。建立在热传导公式基础上的数值模型，模拟多年冻土温度演化，有较大的计算量。

　　（6）路基随机温度场模型，模拟青藏铁路高路堤多年冻土的热状况。

　　（7）块石路基温度场模型，模拟封闭条件下给定边界条件抛石路堤的温度场变化。

9.4　实现方法

9.4.1　技术实现

　　多年冻土信息系统以浏览器/服务器（B/S）模式建立，数据用户通过任何主流浏览器就可以访问基于 Web 的多年冻土信息系统。在开源领域，主要技术包括但不限于：

①Web 服务器：开源 Apache 2；

②数据库服务器：开源 PostgreSQL 或 MySQL；

③文件服务器：开源的 PureFTP；

④元数据服务器：GeoNetwork；

⑤服务器脚本：PHP 5；

⑥地图服务器：开源 GeoServer。

元数据是针对某条或某类数据，与文件数据比较匹配，而不适合于数据库存储的数据。一个解决方法是，通过一组特定的 SQL 语句从数据库释出具体的数据，然后采用元数据进行描述并共享。当有新的时序数据入库时，可以形成新的数据，或者新的数据版本进行共享。

同时，用户的请求可能多种多样，比如数据库有逐日温度数据，而用户请求的是逐月平均温度数据。面对这种不一致性，一个好的解决方法是引入"虚拟数据"的概念。所谓虚拟数据实质是一个函数，该函数作用于特定数据，可以计算派生出新的数据。通过虚拟数据，数据库不必重复存储，同时对用户透明，用户面对的永远是元数据-数据实体的共享结构，察觉不到具体的实现差异。

9.4.2 制度化

数据共享和汇交需要制度上的规范，至少需要包括：

（1）数据共享/使用协议，包括申请数据的用途、数据申请人的相关信息，并明确数据的使用限制、数据引用致谢方式，以及数据使用者的权利义务等。

（2）数据保密协议。一些涉及保密的数据，需要签订保密协议以转移权责。

（3）数据汇交协议，以明确数据汇交的范围、内容和方法，以及相关联的共享方式、限制和保密要求等。

此外，还需要形成系统的运行管理制度、数据管理方法、制度化的数据共享和服务流程、数据/元数据评审办法以及知识产权保护的相关制度。

9.4.3 服务模式

由于数据共享范围的差异，数据服务也包括在线和离线两种。离线服务是为需要签订使用合同（盖章签字）的数据而设置。服务流程如图 9.7 给出。

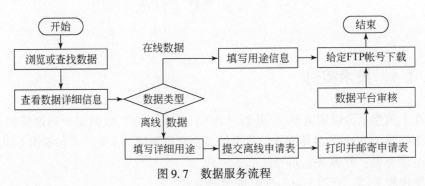

图 9.7　数据服务流程

多年冻土数据库需要充分保护数据作者的权益，一般来说，多年冻土数据库的服务模式需要考虑以下几个方面的内容：

（1）明确多年冻土数据库/信息系统与数据作者的关系。多年冻土数据库/信息系统是一个数据的管理和共享平台，数据所有权属于数据作者。因此，一般要求在论文致谢部分对多年冻土数据库/信息系统进行合理致谢。

（2）数据引用。共享平台提供一种规范化的数据引用方式，比如参考期刊引文的数据引用。然而，考虑到目前多数期刊不允许直接引用数据，应当允许以数据作者提供的相关文献间接对数据进行引用。数据/文献引用中不需要出现多年冻土数据库/信息系统的信息。通过鼓励数据引用，可以提高数据作者论文引用率，从而促进数据作者共享数据的积极性，营造一种良性循环的氛围。

（3）成果汇总。通过学术数据库检索使用了本平台数据的论文，并进行人工整理，定期发送到数据作者。数据的广泛引用，也是数据作者的成果之一。

多年冻土区域条件艰苦，观测数据稀少而宝贵，亟须建立面向共享的多年冻土数据库/信息系统，其必将进一步推进我国的多年冻土研究。

主要参考文献

鲍士旦. 2000. 土壤农化分析. 北京：中国农业出版社.

陈彬，马克平. 2006. 数码照片的 GPS 标记技术及其在野外调查中的应用//中国生物多样性保护与研究
　进展Ⅶ：第七届全国生物多样性保护与持续利用研讨会论文集. 北京：气象出版社, 244～251.

陈桂琛，刘光秀，Liu Kam-biu 等. 1999. 黄河上游地区植被特征及其与毗邻地区的关系. 高原生物学集
　刊, 14：11～19.

陈杰，龚子同，陈志诚等. 2005. 基于国际冻土分类进展论中国土壤系统分类中冻土纲的恢复与重构.
　土壤, 37（5）：465～473.

陈生云，赵林，秦大河等. 2010. 青藏高原多年冻土区高寒草地生物量与环境因子关系的初步分析. 冰
　川冻土, 32（2）：405～413.

陈佐忠，汪诗平. 2004. 草地生态系统观测方法. 北京：中国环境科学出版社.

程国栋. 1984. 我国高海拔多年冻土地带性规律之探讨. 地理学报, 39（2）：185～193.

程国栋，王绍令. 1982. 试论中国高海拔多年冻土带的划分. 冰川冻土, 4（2）：1～17.

崔讲学. 2011. 地面气象观测. 北京：气象出版社.

董鸣. 1996. 陆地生物群落调查观测与分析. 北京：中国标准出版社.

杜二计，赵林，李韧等. 2009. 探地雷达在祁连山多年冻土调查中的应用. 冰川冻土, 31（2）：
　364～371.

高晓梅. 2006. 现代数字地图制图与出版印刷新技术应用分析. 测绘通报, (1)：43～46.

龚子同等. 1999. 中国土壤系统分类——理论·方法·实践. 北京：科学出版社.

龚子同，张甘霖，陈志诚等. 2007. 土壤发生与系统分类. 北京：科学出版社, 1～9.

郭东信. 1985. 地质构造对多年冻土的影响. 地理科学, 5（2）：97～105.

郭东信，王绍令，鲁国威. 1981. 东北大小兴安岭多年冻土分区. 冰川冻土, 3（3）：1～9.

国家林业局. 2001. 冻土工程地质勘察规范. 北京：中国计划出版社.

华孟，王坚. 1993. 土壤物理学. 北京：农业大学出版社, 38.

黄以职，郭东信. 1993. 青藏高原冻土区沙漠化及其对环境的影响. 冰川冻土, 75（1）：52～57.

金会军，孙立平，王绍令等. 2008. 青藏高原中、东部局地因素对地温的双重影响（Ⅰ）：植被和雪盖.
　冰川冻土, 30（4）：536～545.

库德里雅采夫 B A. 1992. 工程地质研究中的冻土预报原理. 郭东信，马世敏，丁德文等译. 兰州：兰州
　大学出版社.

赖远明，张明义，喻文兵等. 2004. 封闭条件下抛石路堤降温效果及机理的试验研究. 冰川冻土, (5)：
　576～581.

李爱贞，刘厚凤. 2001. 气象学与气候学基础, 北京：气象出版社.

李静，盛煜，陈继. 2010. 青海省柴达尔-木里地区道路沿线多年冻土分布模拟. 地理科学进展,
　29（9）：1100～1106.

李昆，陈继，赵林等. 2012. 基于综合调查的西昆仑山典型区多年冻土分布研究. 冰川冻土, 34（2）：
　447～454.

李韧，赵林，丁永建等. 2009. 辐射变化对高原季节冻土冻结深度的影响. 冰川冻土, 31（3）：
　422～430.

李述训，吴通华. 2005. 青藏高原地气温度之间的关系. 冰川冻土, 27（5）：1～6.

李述训，程国栋，郭东信. 1996. 气候持续变暖条件下青藏高原多年冻土变化趋势数值模拟. 中国科学 D 辑，26（4）：342～347.

李树德，程国栋. 1996. 青藏高原冻土图. 兰州：甘肃文化出版社.

李旺平，赵林，吴晓东等，2015. 青藏高原多年冻土区土壤-景观模型与土壤分布制图. 科学通报，60：2216～2226.

李文华，周兴民. 1998. 青藏高原的生态系统和可持续经营方式. 广州：广东科技出版社.

李英年，鲍新奎，曹广民. 2000. 祁连山海北高寒湿地 40～80cm 土壤温度状况观测分析. 冰川冻土，22（2）：151～158.

李英年，鲍新奎，曹广民. 2001. 青藏高原正常有机土与草毡寒冻雏形土地温观测的比较研究. 土壤学报，38（2）：145～152.

李酉开等. 1983. 土壤农业化学常规分析方法. 北京：科学出版社，17.

李元寿，王根绪，赵林等. 2010. 青藏高原多年冻土活动层土壤水分对高寒草甸覆盖变化的响应. 冰川冻土，32（1）：157～165.

刘丰，郭建文. 2013. 面向黑河无线传感网络观测数据的质量控制方法研究. 遥感技术与应用，28（2）：252～257.

刘光崧，蒋能慧，张连第. 1996. 土壤理化分析与剖面描述. 北京：中国标准出版社.

刘时银，刘潮海，谢自楚等. 2012. 冰川观测与研究方法. 北京：科学出版社.

刘铁良. 1983. 国外计算冻结或融化深度公式概述. 冰川冻土，5（2）：85～95.

刘永智，吴青柏，张建明等. 2000. 高原冻土区冻土地温温度场研究. 公路，2：4～8.

刘增力，方精云，朴世龙. 2002. 中国冷杉、云杉和落叶松属植物的地理分布. 地理学报，57（5）：577～586.

刘忠玉. 2007. 工程地质学. 北京：中国电力出版社.

吕久俊，李秀珍，胡远满等. 2007. 呼中自然保护区多年冻土活动层厚度的影响因子分析. 生态学杂志，26（9）：1369～1374.

吕久俊，李秀珍，胡远满. 2008. 冻结数模型在中国东北多年冻土分区中的应用. 应用生态学报，19（10）：2271～2276.

马晨燕，颜辉武. 2000. 谈数字地图生产印前中的打样与检查. 地图，（2）：28～30.

南卓铜，李述训，刘永智. 2002. 基于年平均地温的青藏高原冻土分布制图及应用. 冰川冻土，24（2）：142～148.

南卓铜，李述训，程国栋等. 2012. 地面冻结数模型及其在青藏高原的应用. 冰川冻土，34（1）：89～95.

南卓铜，黄培培，赵林. 2013. 青藏高原西部区域多年冻土分布模拟及其下限估算. 地理学报，68（3）：318～327.

庞强强，李述训，吴通华等. 2006. 青藏高原冻土区活动层厚度分布模拟，冰川冻土，28（3）：390～395.

庞强强，李述训，张文纲. 2009. 不同下垫面对多年冻土浅层热状况的影响分析. 冰川冻土，31（6）：1003～1010.

庞强强，赵林，李述训. 2011. 局地因素对青藏公路沿线多年冻土区地温影响分析. 冰川冻土，33（2）：349～356.

祁长青，吴青柏，施斌等. 2007. 青藏铁路高路堤下多年冻土热状态分析. 岩石力学与工程学报，26（2）：4518～4524.

青海省农业资源区划办公室. 1997. 青海土壤. 北京：中国农业出版社.

邱国庆，程国栋．1995．中国的多年冻土——过去与现在．第四纪研究，1：13～22．

邱国庆，黄以职，李作福．1983．中国天山地区冻土的基本特征//中国地理学会、中国土木工程学会第
　二届全国冻土学术会议论文选集．兰州：甘肃人民出版社，21～29．

邱国庆等．1994．冻土学词典，兰州：甘肃科学技术出版社．

邱国庆等．1996．甘肃河西走廊季节冻结盐渍土及其改良利用．兰州：兰州大学出版社．

孙琳婵，赵林，李韧等．2010．西大滩地区积雪对地表反照率及浅层地温的影响．山地学报，28（3）：
　266～273．

邵明安，王金九，黄明斌．2006．土壤物理学．北京：高等教育出版社，170～185．

沈体雁，程承旗．2000．中国环境元数据标准与环境信息共享模式的研究．环境保护，（5）：32～34．

盛煜，李静，吴吉春．2010．基于 GIS 的疏勒河流域上游多年冻土分布特征．中国矿业大学学报，
　39（1）：32～39．

施雅风，米德生．1988．中国冰雪冻土图（1：400 万）．北京：中国地图出版社．

石伟，南卓铜，李韧．2011．基于支持向量机的典型冻土区土壤制图研究．土壤学报，48（3）：
　461～469．

史健宗，南卓铜，赵林．2014．多年冻土元数据标准研究和应用．遥感技术与应用，29（5）：878～885．

苏联科学院西伯利亚分院冻土研究所．1988．普通冻土学．郭东信等译．北京：科学出版社．

唐领余，李春海．2001．青藏高原全新世植被的时空分布．冰川冻土，23（4）：367～374．

陶晓风．2007．普通地质学，北京：科学出版社．

童伯良，李树德．1983．青藏高原多年冻土的某些特征及其影响因素//中国科学院兰州冰川冻土研究所．
　青藏冻土研究论文集．北京：科学出版社：1～11．

童伯良，李树德，卜觉英．1983．青藏公路沿线多年冻土图（1：600000）编制原则和方法//第二届全国
　冻土学术会议论文选集．兰州：甘肃人民出版社，75～80．

童伯良，李树德，张廷军．1986．中国阿尔泰山的多年冻土．冰川冻土，8（4）：357～364．

汪集旸．2001．神奇的地热．北京：清华大学出版社．

王家澄，王绍令，邱国庆．1979．青藏公路沿线的多年冻土．地理学报，34（1）：18～32．

王金亭．1988．青藏高原高山植被的初步研究．植物生态学与地植物学学报，12（2）：80～90．

王钧等．1990．中国地温分布的基本特征．北京，地震出版社，10～98．

王绍令．1993．青藏高原东部冻土环境变化的初步探讨．青海环境，3（4）：173～177．

王之夏，南卓铜，赵林．2011．MODIS 地表温度产品在青藏高原冻土模拟中的适用性评价．冰川冻土，
　33（1）：132～143．

王志伟，史健宗，岳广阳等．2013．玉树地区融合决策树方法的面向对象植被分类．草业学报，22（5）：
　62～71．

吴青柏，童长江．1995．工程活动下多年冻土热稳定性评价模型．冰川冻土，17（4）：350～355．

吴青柏，朱元林，刘永智．2002a．青藏高原多年冻土顶板温度和温度位移预报模型的应用．冰川冻土，
　24（5）：614～617．

吴青柏，朱元林，刘永智．2002b．工程活动下多年冻土热稳定性评价模型．冰川冻土，24（2）：
　129～133．

吴青柏，沈永平，施斌．2003．青藏高原冻土及水热过程与寒区生态环境的关系．冰川冻土，25（2）：
　250～255．

吴圣林．2008．岩土工程勘察．徐州：中国矿业大学出版社．

吴征镒．1980．中国植被．北京：科学出版社，1023～1035．

西藏自治区土地管理局．1994．西藏自治区土壤资源．北京：科学出版社．

肖瑶, 赵林, 李韧等. 2010. 藏北高原多年冻土区地表反照率特征分析. 冰川冻土, 32 (3): 480~488.

肖瑶, 赵林, 李韧. 2011. CoLM 模型在高原多年冻土区的单点模拟适用性. 山地学报, 29 (5): 63~640.

熊毅, 李庆逵. 1987. 中国土壤 (第2版). 北京: 科学出版社.

徐学祖, 邓友生. 1991. 冻土中水分迁移的实验研究. 北京: 科学出版社.

杨成松, 程国栋. 2011. 气候变化条件下青藏铁路沿线多年冻土概率预报 (Ⅰ): 活动层厚度与地温. 冰川冻土, 33 (3): 461~468.

杨达源. 2006. 自然地理学. 北京: 科学出版社.

杨景春, 李有利. 2001. 地貌学原理. 北京: 北京大学出版社.

杨琳, 朱阿兴, 秦承志等. 2010. 基于典型点的目的性采样设计方法及其在土壤制图中的应用. 地理科学进展, 29 (3): 279~286.

杨琳, 朱阿兴, 秦承志等. 2011. 一种基于样点代表性等级的土壤采样设计方法. 土壤学报, 48 (5): 938~946.

杨润田, 林凤桐. 1986. 多年冻土区水文地质及工程地质学. 哈尔滨: 东北林业大学出版社.

张经纬, 姜恕. 1973. 珠穆朗玛峰地区的植被垂直分带与水平地带关系的初步研究. 植物学报, 15 (2): 221~234.

张廷军, 晋锐, 高峰. 2009a. 冻土遥感研究进展-被动微波遥感. 地球科学进展, 24 (10): 1073~1083.

张廷军, 晋锐, 高峰. 2009b. 冻土遥感研究进展-可见光、红外及主动微波卫星遥感方法. 地球科学进展, 24 (9): 96~971.

张秀敏, 盛煜, 南卓铜等. 2011. 基于决策树方法的青藏高原温泉区域高寒草地植被分类研究. 草业科学, 28 (12): 2074~2083.

赵福岳. 2002. 1:25 万遥感地质填图方法及应用. 地质通报, 21 (12): 891~897.

赵林, 程国栋, 俞祁浩. 2010a. 气候变化影响下青藏公路重点路段的冻土危害及其治理对策. 自然杂志, 32 (1): 9~12.

赵林, 刘广岳, 焦克勤等. 2010b. 1991~2008 年天山乌鲁木齐河源区多年冻土的变化. 冰川冻土, 32 (2): 223~230.

赵林, 丁永健, 刘广岳等. 2010c. 青藏高原多年冻土层中地下冰储量估算及评价. 冰川冻土, 32 (1): 1~9.

赵林, 李韧, 丁永建等. 2011. 青藏高原1977~2006 年土壤热状况研究. 气候变化研究进展, 7 (5): 307~316.

中国科学院地质所地热组. 1978. 矿山地热研究及地温类型的划分//地热研究论文集. 北京: 科学出版社.

中国科学院寒区旱区环境与工程研究所. 2005. 中国冰川冻土沙漠图 (1:400 万). 北京: 地图出版社.

中国科学院南京土壤研究所. 1978. 土壤农化分析. 上海: 上海科学技术出版社.

中国科学院南京土壤研究所土壤系统分类课题组. 1985. 中国土壤系统分类初拟. 土壤, 17 (6): 290~318.

中国科学院南京土壤研究所土壤系统分类课题组. 1987. 中国土壤系统分类 (二稿). 土壤学进展 (土壤系统分类研讨会特刊): 69~104.

中国科学院南京土土壤研究所土壤物理研究室. 1978. 土壤物理性质测定法. 北京: 科学出版社.

中国科学院青藏高原综合科学考察队. 1999. 喀喇昆仑山-昆仑山地区土壤. 北京: 中国环境科学出版社.

中国气象局. 2003. 地面气象观测规范. 北京: 气象出版社.

中国生态系统研究网络科学委员会. 2006. 陆地生态系统生物观测规范. 北京: 中国环境科学出版社.

中国生态系统研究网络科学委员会. 2007. 陆地生态系统土壤观测规范. 北京：中国环境科学出版社.

中国土壤系统分类课题研究协作组. 1995. 中国土壤系统分类（修订方案）. 北京：中国农业科学技术出版社.

中国土壤系统分类课题研究协作组. 2001. 中国土壤系统分类检索（第三版）. 合肥：中国科学技术大学出版社.

邹德富, 赵林, 吴通华等, 2015. MODIS 地表温度产品在青藏高原连续多年冻土区的适用性分析. 冰川冻土, doi：10. 7522/j. issn. 1000 0240. 2015. 0032015.

周剑, 王根绪, 李新等. 2008. 高寒冻土地区草甸草地生态系统的能量-水分平衡分析. 冰川冻土, 30（3）：398~407.

周兴民. 1999. 人类活动对高寒草地生态系统多样性的影响. 人类活动对生态系统多样性的影响. 杭州：浙江科技出版社, 266~286.

周幼吾, 郭东信. 1982. 我国多年冻土的主要特征. 冰川冻土, 4（1）：1~19.

周幼吾, 王银学, 高兴旺等. 1996. 我国东北部冻土温度和分布与气候变暖. 冰川冻土, 18（增刊）：140~146.

周幼吾, 郭东信, 邱国庆等. 2000. 中国冻土. 北京：科学出版社.

朱阿兴, 李宝林, 杨琳等. 2005. 基于 GIS、模糊逻辑和专家知识的土壤制图及其在中国应用前景. 土壤学报, 42（5）：844~851.

庄卫民. 1995. 土壤调查与制图技术：理论方法应用. 北京：中国农业科技出版社.

Anderson D M, McKim H L, Crowder W K, et al. 1994. Applications of ERTS21 imagery to terrestrial and marine environmental analyses in Alaska. Proceedings of the 3rd Earth Resources Technology Satellite-1 Symposium, 1（B）：1575~1606.

Subcommittee P. 1988. Glossary of permafrost and related ground-ice terms. Associate Committee on Geotechnical Research, National Research Council of Canada, Ottawa, 156.

Baker D, Law R, Gurney K, et al. 2006. TransCom 3 inversion intercomparison：impact of transport model errorson the interannual variability of regional CO_2 fluxes, 1988–2003. Global Biogeochemical Cycles, 20：GB1002, doi：10. 1029/2004GB002439.

Bergamaschi P, Frankenberg C, Meirink J, et al. 2007. Satellite chartography of atmospheric methane from SCIAMACHYon board ENVISAT：2. Evaluation based on inverse model simulations. Journal of Geophysical Research, 112：D02304, doi：10. 1029/2006JD007268.

Bockheim J G, Hinkel K M, Eisner W R, et al. 2004. Carbon pools and accumulation rates in an age-series of soils in drained thaw-lake basins, Arctic Alask. Soil Sci Soc Am J, 68：697~704.

Bousquet P, Peylin P, Ciais P, et al. 2000. Regional changes in carbon dioxide fluxes of landand oceans since 1980. Science, 290：1342~1346.

Brown J, Ferrians Jr O J, Heginbottom J, et al. 1997. Circum-Arctic map of permafrost and ground ice conditions. United States Geological Survey, Circum-Pacific Map Series, CP-45, for the International Permafrost Association（scale 1：10000000）.

Brown J, Hinkel K, Nelson F E. 2000. The circumpolar active layer monitoring（calm）program：Research design and initial results. Polar Geography, 24（3）：166~258.

Bruin S, Wielemakera W G, Molenaar M. 1999. Formalisation of soil-landscape knowledge through interactive hierarchical disaggregation. Geoderma, 91（2）：151~172.

Camill P, Clark J S. 2000. Long-term perspectives on lagged ecosystem responses to climate change：Rermafrost in boreal peatlands and the grassland/woodland boundary. Ecosystems, 3：534~544.

Campbell I D, Cambell C, Vitt D H, et al. 2000. A first estimate of organic carbon storage in Holocence lake sediments in Alberta, Canada. Journal of Paleolimnology, 24: 395 ~ 400.

Canada Soil Survey Committee. 1978. The Canadian System of Soil Classification. Research Branch, Canada Department of Agriculture.

Chaplota V, Waltera C, Curmia P. 2000. Improving soil hydromorphy prediction according to DEM resolution and available pedological data. Geoderma, 97 (3): 405 ~ 422.

Chen H, Nan Z. 2013. Wireless sensor network applications in cold alpine area of West China: experiences and challenges. International Journal on Smart Sensing and Intelligent Systems, 6 (3): 932 ~ 952.

Chen Y H, Prinn R G. 2006. Estimation of atmospheric methane emissions between 1996 and 2001 using a three-dimensional global chemical transport model. Journal of Geophysical Research, 111, doi: 10. 1029 / 2005 JD 006058.

Christiansen H H. 1999. Active layer monitoring in two Greenlandic permafrost areas: Zackenberg and Disko Island. Geografisk Tidsskrift, 99: 117 ~ 121.

Cook R D. 1996. Graphics for regressions with a binary response. Journal of the American Statistical Association, 91: 98 ~ 992.

Cook S, Corner R, Groves P. 1996. Use of airborne gamma radiometric data for soil mapping. Australian Journal of Soil Research, 34 (1): 184 ~ 194.

Cortijo F J, De la Blanca N P. 1999. The performance of regularized discriminant analysis versus non-parametric classifiers applied to high-dimensional image classification. International Journal of Remote Sensing, 20 (17): 3345 ~ 3365.

Denman K L, Brasseur G, Chidthaisong A, et al. 2007. Couplings between changes in the climate system and biogeochemistry. Climate Change, 2007: 541 ~ 584.

Dijkerman J. 1974. Podology as a science: the role of data, model and theories in the study of natural soil system. Geoderma, 11 (2): 73 ~ 93.

Farouki O T. 1981. The thermal properties of soil in cold regions. Cold Regions Science and Technology, 5: 67 ~ 75.

Flerchinger G, Saxton K. 1989. Simultaneous heat and water model of a freezing snow-residue-soil system I: Theory and development. Transactions of the American Society of Agricultural Engineers, 32: 565 ~ 571.

Florinsky I V, Eilers R G, Manning G R. 2002. Prediction of soil properties by digital terrain modelling. Evironmental Modelling & Software, 17 (3): 295 ~ 311.

Food and Agriculture Organization of the United Nations, Unesco, & International Soil Reference and Information Centre. 1988. FAO-Unesco soil map of the world: revised legend. Rome, FAO.

Gądek B, Leszkiewicz J. 2010. Influence of snow cover on ground surface temperature in the zone of sporadic permafrost, Tatra Mountains, Poland and Slovakia. Cold Regions Science and Technology, 60: 205 ~ 211.

Gilichinsky D, Wagener S. 1995. Microbial life in permafrost: a historical review. Permafrost and Periglacial Processes, 6: 243 ~ 250.

Hahn C, Gloaguen R. 2008. Estimation of soil types by nonlinear analysis of remote sensing data. Nonlinear Processes in Geophysics, 15 (1): 115 ~ 126.

Harris C, Haeberli W, Mühll D V, et al. 2001. Permafrost monitoring in the high mountains of Europe: the PACE Project in its global context. Permafrost and Periglacial Processes, 12: 3 ~ 11.

Heginbottom J A. 1984. The mapping of permafrost. Canadian Geographer XXVIII, 78 ~ 83.

Heginbottom J A, Dubreuil M A, Harker P A. 1995. Canada-Permafrost. Ottawa, Canada: Natural Resources Canada, National Atlas of Canada, 5th edition, Plate 2. 1 (MCR No. 4177; scale 1 : 7500000).

Heginbottom J A, Radburn L K. 1992. Permafrost and ground ice conditions of northwestern Canada. Geological Survey of Canada, Map 1691A, scale 1 : 1000000.

Hinkel K M, Nelson F E. 2003. Spatial and temporal patterns of active layer thickness at Circumpolar Active Layer Monitoring (CALM) sites in northern Alaska, 1995 – 2000. J Geophys Res, 108 (D2), 8168, doi: 10. 1029/2001JD000927.

Hinkel K M, Nicholas J R J. 1995. Active layer thaw rate at a boreal forest site in central Alaska, U. S. A. Arctic and Alpine Research, 27 (1): 72 ~ 80.

Hinzman L D, Kane D L, Gieck R E, et al. Hydrologic and thermal properties of the active layer in the Alaskan Arctic. Cold Regions Science and Technology, 19 (2): 95 ~ 110.

Holden J. 2005. Peatland hydrology and carbon release: why small- scale process matters. Philosophical Transactions of the Royal Society A: Mathematical, Physical, and Engineering Sciences, 363: 2891 ~ 2913.

Hudson B D. 1992. The soil survey as a paradigm- based science. Soil Science Society of America Journal, 56 (2): 836 ~ 841.

ISSS, ISRIC, FAO. 1994. Word Reference Base for Soil Resources (Draft). Wageningen/Rome. 161.

ISSS, ISRIC, FAO. 1998. Word Reference Base for Soil Resources. Rome: World Soil Resources Reports 84, 109.

Jansson P, Moon D. 2001. A coupled model of water, heat and mass transfer using object orientation to improve flexibility and functionality. Environmental Modeling & Software, 16: 37 ~ 46.

Jin H, Qiu G, Zhao L. 1993. Distribution and thermal regime of alpine permafrost in the middle section of East Tian Shan, China. Studies of Alpine Permafrost in Central Asia I- Northern Tian Shan, Yakutsk, Russian Academy of Sciences, 23 ~ 29.

Jobbagy E G, Jackson R B. 2000. The vertical distribution of soil organic carbon and its relation to climate and vegetation. Ecological Applications, 10: 423 ~ 436.

Johansen O. 1975. Thermal Conductivity of Soils. University of Trondheim, Trondheim, Norway.

Johnson L, Viereck L. 1983. Recovery and Active layer changes Following a Tundra Fire in Northwest Alaska// Proceedings 4th International Conference on Permafrost, Fairbanks, Alaska: 543 ~ 547.

Kim Y, Wang G. 2012. Soil moisture-vegetation-precipitation feedback over North America: its sensitivity to soil moisture climatology. Journal of Geophysical Research, 117, D18115, doi: 10. 1029/2012JD017584.

Kudryavstev V, Garagula L, Kondratyeva K, et al. 1977. Fundamentals of Frost Forecasting in Geological Engineering Investigations. Cold Regions Research and Engineering Laboratory, Hanover, New Hampshire, 1 ~ 487.

Lachenbruch A. 1994. Permafrost, the Active Layer, and Changing Climate: USGS Open- File Report 94-694. United States Geological Survey, Washington DC.

Lantuit H, Overduin P, Wetterich S. 2012. Arctic Coastal erosion: a review. Tenth International Conference on Permafrost, Salekhard, Russia, 25 June 2012-29 June 2012.

Lee H, Schuur E, Vogel J. 2010. Soil CO_2 production in upland tundra where permafrost is thawing. Journal of Geophysical Research, 115, G01009, doi: 10. 1029/2008JG000906.

Leverington D W, Duguay C R. 1996. Evaluation of three supervised classifiers in mapping "depth to late summer frozen ground" Central Yukon Territory. Canadian Journal of Remote Sensing, 22 (2): 163 ~ 174.

Li J, Yu S, Wu J. 2009. Probability distribution of permafrost along a transportation corridor in the northeastern Qinghai province of China. Cold Regions Science and Technology, 59 (1): 12~18.

Li S, Cheng G, Guo D. 1996. The future thermal regime of numerical simulating permafrost on Qinghai-Xizang (Tibet) Plateau, China, under climate warming. Science in China (Series D), 39 (4): 434~441.

Li W, Zhao L, Wu X, et al. 2014. Distribution of Soils and Landform Relationships in Permafrost Regions of the Western Qinghai-Xizang (Tibetan) Plateau, China. Soil Science, 179 (7): 348~357.

Li W, Zhao L, Wu X, et al. 2015. Soil distribution modeling using inductive learning in the eastern part of permafrost regions in Qinghai-Xizang (Tibetan) Plateau. Catena, 126: 98~104.

Li X, Nan Z, Cheng G, et al. 2011. Towards an improved data stewardship and service for environmental and ecological science data in west China. International Journal of Digital Earth, 4 (4): 347~359. DOI: 10. 1080/17538947. 2011. 558123.

Rossbacher L A, Judson S. 1981. Ground ice on Mars: Inventory, distribution, and resulting landforms. Icarus, 45 (1): 39~59.

Liu G, Wang G, Hu H, et al. 2009. Influence of vegetation coverage on water and processed of the active layer in permafrost regions of the Tibetan Plateau. Journal of Glaciology and Geocryology, 31 (1): 89~95.

Liu L, Schaefer K M, Zhang T J, et al. Estimating 1992—2000 average active layer thickness on the Alaskan North Slope from remotely sensed surface subsidence. J Geophys Res, doi: 10. 1029/2011JF002041.

Mackay J R. 1972. The world of underground ice. Annals of American Association of Geographers, 62: 1~22.

Minasny B, Mcbratney A B. 2002. The neuro- m method for fitting neural network parametric pedotransfer functions. Soil Science Society of America Journal, 66 (2): 352~361.

Moore I D, Gessler P E, Nielsen G A. 1993. Soil attributes prediction using terrain analysis. Soil Science Society of America Journal, 57 (2): 443~452.

Morrissey L A, Strong L L. 1986. Mapping permafrost in the boreal forest with thematic mapper satellite data. Photogrammetric Engineering and Remote Sensing, 52 (9): 1513~1520.

Muller S W. 1947. Permafrost or Permanently Frozen Ground and Related Engineering Problems. Edwards, Ann Arbor, MI.

Nan Z, Li S, Cheng G. 2005. Prediction of permafrost distribution on the Qinghai-Tibet Plateau in the next 50 and 100 years. Science in China, Ser. D Earth Sciences, 48 (6): 797~804.

Nelson F E, Outcalt S I. 1983. A frost index number for spatial prediction of ground-frost zones. Pemafrost-Fourth Intemational Conference Proeeedings, (1): 907~911.

Nelson F E, Shiklomanov N I, Hinkel K M, et al. 2004. Introduction: The circumpolar active layer monitoring (CLAM) workshop and the CALM II program. Polar Geography, 28 (4): 253~266.

Nelson F, Shiklomanov N, Mueller G. 1997. Estimating active- layer thickness over a large region: Kuparuk River basin, Alaska. U. S. A. Arctic and Alpine Research, 29 (4): 367~378.

Ngigi T, Tateishi R, Al-Bilbisi H. 2009. Applicability of the Mix- Unmix Classifier in percentage tree and soil cover mapping. International Journal of Remote Sensing. 30 (14): 3637~3648.

Osterkamp T, Romanovsky V. 1999. Evidence for warming and thawing of discontinuous permafrost in Alaska. Permafrost Periglacial Processes, 10 (1): 17~37.

Pang Q, Cheng G, Li S, et al. 2009. Active layer thickness calculation over the Qinghai-Tibet Plateau. Cold Regions Science and Technology, 57 (1): 23~28.

Pang Q, Zhao L, Li S, et al. 2012. Active layer thickness variations on the Qinghai-Tibet Plateau under the scenarios of climate change. Environmental Earth Sciences, 66 (3): 849~857.

Pavlov A V. 1979. Thermal physics of landscapes. Novosibirsk: Nauka, 284.

Peddle D R, Franklin S E. 1992. Multisource evidential classification of surface cover and frozen ground. International Journal of Remote Sensing, 13 (17): 3375~3380.

Peddle D R, Franklin S E. 1993. Classification of permafrost active layer depth from remotely sensed and topographic evidence. Remote Sensing of Environments, 44: 67~80.

Piao S, Fang J, Ciais P, et al. 2009. The carbon balance of terrestrial ecosystems in China. Nature, 458: 1009~1013.

Pollard W H, French H M. 1980. A first approximation of the volume of ground ice, Richards Island, Pleistocene Mackenzie delta, Northwest Territories. Canada Canadian Geotechnical Journal, 17 (4): 509~516.

Ran Y H, Li X, Cheng G D. 2012. Short communication distribution of permafrost in China: An overview of existing permafrost maps. Permafrost and Periglacial Processes, 23: 322~333.

Raudys S. 1997. Dimensionality, sample size, and classification error of nonparametric linear classification algorithms. Ieee Transactions on Pattern Analysis and Machine Intelligence, 19 (6): 667~671.

Riseborough D W. 2002. The mean annual temperature at the top of permafrost, the TTOP model, and the effect of unfrozen water. Permafrost and Periglacial Processes, 13: 137~143.

Riseborough D W, Burn C R. 1988. Influence of organic mat on the active layer//Permafrost. Fifth International Conference on Permafrost. Trondheim: Tapir Publishers, 1: 633~638.

Rodenbeck C, Houweling S, Gloor M, et al. 2003. CO_2 flux history 1982−2001 inferred from atmospheric data using a global inversion of atmospheric transport. Atmospheric Chemistry and Physics, 3: 1919~1964.

Romanovsky V, Osterkamp T. 1995. Inter-annual variations of the thermal regime of the active layer and near-surface permafrost in northern Alaska. Permafrost and Periglacial Processes, 6: 313~335.

Sazonova T, Romanovsky V. 2003. A model for regional-scale estimation of temporal and spatial variability of active layer thickness and mean annual ground temperatures. Permafrost and Periglacial Processes, 14 (2): 125~139.

Schulze E D, Wirth C, Heimann M. 2000. Managing forests after Kyoto. Science, 289: 2058~2059.

Schuur E, Bockheim J, Canadell J G, et al. 2008. Vulnerability of permafrost carbon to climate change: implications for the global carbon cycle. BioScience, 58: 701~714.

Schuur E, Vogel J, Crummer K, et al. 2009. The effect of permafrost thaw on old carbon release and net carbon exchange from tundra. Nature, 459: 556~559.

Shangguan W Y, Dai B, Liu A, et al. 2013. A China dataset of soil properties for land surface modeling. Journal of Advances in Modeling Earth Systems, doi: 10. 1002/jame. 20026.

Shi X Z, Yu D S, Warner E D. 2004. Soil database of 1: 1, 000, 000 digital soil survey and reference system of the Chinese genetic soil classification system. Soil Survey Horizons, 45 (4): 129~136.

Shur Y, Jorgenson M. 2007. Patterns of permafrost formation and degradation in relation to climate and ecosystems. Permafrost and Periglacial Processes, 18: 7~19.

Simmhan Y L, Plale B, Gannon D. 2006. Towards a quality model for effective data selection in collaboratories. In 22nd International Conference on Data Engineering Workshops (ICDEW'06), 72~76.

Skryabin P N, Varlamov S P, Skachkov Y B. 1998. Interannual variability of the ground thermal regime in the Yakutsk area. Novosibirsk: Izd-vo SO ran, 144.

Sodnom N, Yanshin A L. 1990. Geocryology and geocryological zonation of Mongolia. Digitized 2005 by Parsons M. A. Boulder, Colorado USA, National Snow and Ice Data Center/World Data Center for Glaciology, Digital Media.

Soil Classification Working Group. 1998. The Canadian System of Soil Classification (3rd edition). Ottawa: Agriculture and Agfi-Food Canada Publication, 1646.

Soil Survey Staff. 1975. Soil Taxonomy. USDA Handbook No. 436. Washington D C.

Soil Survey Staff. 1999. Soil Taxonomy (2nd edition). Agriculture Handbook 436. Washington D C.

Soil Survey Staff. 2006. Soil Taxonomy (3rd edition). USDA Handbook No. 436. Washington D C.

Stull R B. 1988. An Introduction to Boundary Layer Meteorology. The Netherland: Kluwer Academic Piblishers.

Tarnocai C, Canadell G, Mazhitova E, et al. 2009. Soil organic carbon stocks in the northern circumpolar permafrost region. Global Biogeochemical Cycles, 23, GB2023, doi: 10. 1029/2008GB003327.

Thompsom J A, Bell J C, Butler C A. 1997. Quantitative soil-landscape modeling for estimating the areal extent of hydromorphic soils. Soil Science Society of America Journal, 61 (3): 971~980.

Tilman D, Downing J A. 1994. Biodiversity and stability in grassland. Nature, 367: 363~365.

Tracy C R, Brussard P F. 1994. Preserving biodiversity: species in landscape. Ecological Applications, 4: 205~207.

Trumbore S, Chadwick O, Amundson R. 1996. Rapid exchange between soil carbon and atmospheric carbon dioxide driven by temperature change. Science, 272: 393~396.

Turetsky M, Wieder R, Vitt D. 2007. The disappearance of relict permafrost in boreal North America: effects on peatland carbon storage and fluxes. Global Change Biology, 13: 1922~1934.

USDA-NRCS. 2002. Field Book for Describing and Sampling Soils (Version 2.0). Lincoin, Nebraska.

Van Everdingen R. 1998 revised May 2005. Multi-language glossary of permafrost and related ground-ice terms. Boulder, CO: National Snow and Ice Data Center. (http://nsidc. org/fgdc/glossary/).

Viereck L A. 1982. Effects of fire and firelines on active layer thickness and soil temperature in interior Alaska. Prd. 4th Proc. Permafrost Conf, 123~135.

Wakler D A, Jia G J, Epstein H E, et al. 2003. Vegetation-soil-thaw-depth relationships along a low-arctic bio-climate gradient, Alaska: synthesis of information from the ATLAS studies. Permafrost Periglacial Process, 14: 103~123.

Wang G, Qian J. 2002. Soil organic carbon pool of grassland soils on the Qinghai-Tibetan Plateau and its global implication. The Science of the Total Environment, 291 (2): 207~217.

Weindorf D C, Zhu Y. 2010. Spatial variability of soil properties at Capulin Volcano, New Mexico, USA: implications for sampling strategy. Pedosphere, 20 (2): 185~197.

Wu Q, Zhang T. 2010. Changes in active layer thickness over the Qinghai-Tibetan Plateau from 1995 to 2007. Journal of Geophysical Research, 115, D09107, doi: 10. 1029/2009JD012974.

Yang K, Koike T, Ye B, et al. 2005. Inverse analysis of the role of soil vertical heterogeneity in controlling surface soil state and energy partition. J Geophys Res, 110.

Yang Y, Fang J, Pan Y, et al. 2009. Aboveground biomass in Tibetan grasslands. Journal of Arid Environments, 73: 91~95.

Yao J, Zhao L, Ding Y, et al. 2008. The surface energy budget and evapotranspiration in the Tanggula region on the Tibetan Plateau. Cold Regions Science and Technology, 52 (3): 326~340.

Young F J, Hammer R D. 2000. Soil-landform relationships on a loess-mantled upland landscape in Missouri. Soil Science Society of America journal, 4 (64): 1443~1454.

Zhang T. 2005. Influence of the seasonal snow cover on the ground thermal regime: an overview. Reviews of Geophysics, 43, RG4002, doi: 10. 1029/2004RG000157.

Zhang T, Barry R, Knowles K, et al. 1999. Statistics and characteristics of permafrost and ground-ice distribution in the Northern Hemisphere. Polar Geography, 23: 132~154.

Zhang T, Barry R, Knowles K, et al. 2003. Distribution of seasonally and perennially frozen ground in the Northern Hemisphere//Proceedings of the 8th International Conference on Permafrost. AA Balkema Publishers, 2: 1289~1294.

Zhang T, Oliver W, Mark C, et al. 2005. Spatial and temporal variability in active layer thickness over the Russian Arctic drainage basin. Journal of Geophysical Research, 110, D16101, doi: 10.1029/2004JD005642.

Zhang X, Nan Z, Wu J. 2012. Mountain permafrost distribution modeling using the Multivariate Adaptive Regression Spline (MARS) in the Wenquan area over the Qinghai-Tibet plateau. Science in Cold and Arid Regions, 4 (5): 361~370.

Zhao L, Chen G, Cheng G, et al. 2000. Chapther 6: Permafrost: Status, Variation and Impacts//Du Zheng, Qingsong Zhang and Shaohong Wu eds. Mountain Geoecology and Sustainable Development of the Tibetan Plateau. Kluwer Academic Publishers, Kluwer/Boston/London, 113~138.

Zhao L, Cheng G D, Ding Y J, et al. 2004a. Studies on frozen ground of China. Journal of Geographical Sciences, 14 (4): 411~416.

Zhao L, Ping C L, Yang D, et al. 2004b. Changes of climate and seasonally frozen ground over the past 30 years in Qinghai-Xizang (Tibetan) Plateau, China. Global and Planetary Change, 43 (1): 19~31.

Zhao L, Wu Q, Marchenko S S, et al. 2010. Thermal state of permafrost and active layer in Central Asia during the International Polar Year. Permafrost and Periglacial Processes, 21 (2): 198~207.

Zhu A X, Hudson B, Burt J. 2001. Soil mapping using GIS, expert knowledge, and fuzzy logic. Soil Science Society of America Journal, 65 (5): 1463~1472.

Zimov S A, Schuur E A G, Chapin F S III. 2006. Permafrost and the global carbon budget. Science, 312: 1612~1613.

Докучаева В. 2000. Классификация Почв России. Почвенний институт имени, Москва, 232.

相关标准

DD2006-05. 2006. 地质信息元数据标准. 北京: 中国地质调查局, 1~59.

GB/T 19710-2005. 2005. 地理信息元数据. 北京: 中华人民共和国国家质量监督检验检疫总局、中国国家标准化管理委员会, 1~148.

GB/T 20533-2006. 2007. 生态科学数据元数据. 北京: 国家质量监督检验检疫总局、中国国家标准化管理委员会, 1~169.

ISO 19115: 2003. 2003. Geographic information—Metadata. ISO TC211, 1~140.

ISO 19115-2: 2009. 2009. Geographic information: Metadata, Part 2: Extensions ofr imagery and gridded data. ISO TC211, 1~43.

QX/T 39-2005. 2005. 气象数据集核心元数据. 北京: 中国气象局, 1~13.

SDS/T 2111-2004. 2005. 元数据标准化基本原则和方法 (征求意见稿). 北京: 中华人民共和国科学技术部, 1~22.

TD/T 1016-2003. 2003. 国土资源信息核心元数据. 北京: 中华人民共和国国土资源部, 1~55.

TR-REC-016-01. 2010. 土壤科学数据库元数据标准. 北京: 中国科学院, 1~63.

附录 1

冻土钻孔编录

<u>(项目承担单位名称)</u>
(项目名称)钻孔编录

钻孔位置：

孔号		孔口标高		经度		纬度	
孔深		测温管深度		开孔日期		终孔日期	
地貌地表状态							

孔深 m	厚度 m	柱状图 1:100	岩性特征	含水量		密度		备注
				深度	%	深度	g/cm³	

（左侧深度标尺：0、5、10、15、20）

现场记录人：　　　　　　复核人：　　　　　　审核人：

附录2

群落样点基本信息表

日期：

样地编号		群系类型		样地面积	
调查人				记录人	
调查地点	省	县	乡	村	社

具体位置描述					
经度		纬度		海拔	
坡向					
坡度					
坡位	（　）谷底	（　）下部	（　）中下部	（　）中部	（　）中上部
	（　）山顶	（　）山脊			
干扰程度	（　）无干扰	（　）轻度	（　）中度	（　）重度	（　）极度
干扰类型					

群落其他样品编号						
		重复1	重复2	重复3	重复4	重复5
地上生物量面积						
地下生物量（面积）	0~10cm					
	10~20cm					
	20~30cm					
	30~40cm					
	40cm以下					
土壤样品编号	0~10cm					
	10~20cm					
	20~30cm					
	30~40cm					
	40cm以下					

附录 3

草地群落组成调查表

样点编号：　　　　调查人员：　　　　　　　　　　　　调查日期：

地点：　　　省　　县　　乡　　村　　社

标本采集号	编号	种名	植株高度					物候期	生活型	盖度（总盖度、分种盖度和分种多度）					
			1	2	3	4	5			1	2	3	4	5	平均
	1														
	2														
	3														
	4														
	5														
	6														
	7														
	8														
	9														
	10														

说明：

（1）群系类型：样地的群落类型，群系类型由灌木层或草本层优势种决定。

（2）调查地：样地所在位置，如县（市）、乡、村、社或林业局（场）小班和保护区名称。

（3）经纬度：用 GPS，确定样地所在地的经纬度坐标。

（4）海拔：用海拔表或 GPS 确定样地海拔。注意：山区尽量避免使用 GPS 确定海拔。

（5）坡位：样地所在坡面位置，如谷地、下部、中下部、中部、中上部、山顶、山脊等。

（6）坡向：样地所在地的方位，以偏离正北方位的方式记入。

（7）坡度：样地的平均坡度（利用罗盘测定）。

（8）面积：样地的面积，灌木样方一般为 $25m^2$，记为 5m×5m（灌木荒漠为 $100m^2$），草本样方一般为 $1m^2$，记为 1m×1m（高大草本如芨芨草为 $40m^2$）。

（9）地形：样地所在地的地形，如山地、洼地、丘陵、平原等。

（10）植被起源：按原生、次生。

（11）干扰程度：按无干扰、轻度、中度、重度和极度干扰等记录。

（12）干扰类型：受到干扰的原因如放牧、围栏封育、樵采、开垦、工程建设等。

（13）物候期：营养期、花蕾期、开花期、果期、果后营养期、枯死期。

（14）生活型：高位芽植物、地上芽植物、地面芽植物、隐芽植物、一年生植物。

附录4

标本采集信息表

采集人		标本采集号	
采集日期		年/月/日	
产地			
环境		海拔	
性状			
株高		胸径	
根			
茎			
叶			
花			
果			
土名		科名	
学名		属名	
附记			

注：标本采集号与标本标签和附录3群落调查表中标本采集号一一对应。

附录 5

灌丛群落组成调查表

样点编号：　　　调查人员：　　　　　　　　　　　调查日期：

地点：　　省　　县　　乡　　村

标本采集号	编号	种名	平均高	盖度	株丛数	物候期
	1					
	2					
	3					
	4					
	5					
	6					
	7					
	8					
	9					
	10					
	11					
	12					
	13					
	14					
	15					
	16					
	17					

附录6

多年冻土土壤剖面记录表

剖面编号			描述者姓名			日期	
区域			地点			海拔	
纬度/经度			地形			地貌	
微地貌特征			坡向			坡度	
植被覆盖率			侵蚀			地表碎石	

坡形	纵向		排水等级	VP	P	SP	MW
	横向			W	SE	E	

地表特征																
样品记录																
剖面图																

	土层															
	深度															
层位边界线 清晰度		V	A	C	V	A	C	V	A	C	V	A	C	V	A	C
		G	D		G	D		G	D		G	D		G	D	
层位边界线 形状		S		W	S		W	S		W	S		W	S		W
		I		B	I		B	I		B	I		B	I		B
	颜色															
	质地															
	结构															
可塑性	黏性	SO		SS	SO		SS	SO		SS	SO		SS	SO		SS
		MS		VS	MS		VS	MS		VS	MS		VS	MS		VS
	可塑性	PO		SP	PO		SP	PO		SP	PO		SP	PO		SP
		MP		VP	MP		VP	MP		VP	MP		VP	MP		VP
	紧实度（湿）	L	VFR	FR	L	VFR	FR	L	VFR	FR	L	VFR	FR	L	VFR	FR
		FI	VFI	EF	FI	VFI	EF	FI	VFI	EF	FI	VFI	EF	FI	VFI	EF
		SR	R	VR	SR	R	VR	SR	R	VR	SR	R	VR	SR	R	VR
根系	数量等级	Few	Com	Ma.	Few	Com	Ma.	Few	Com	Ma.	Few	Com	Ma.	Few	Com	Ma.
	尺寸等级	VF	F	M	VF	F	M	VF	F	M	VF	F	M	VF	F	M
		C	VC		C	VC		C	VC		C	VC		C	VC	
砾石	%															
裂隙	大小															
	形状															
新生体	种类															
	形状															
	%															
动物痕迹	种类															
	痕迹															
	容重															
	含水量															

附录6 表格填写说明：

(1) 排水等级：很差（VP）、差（P）、较差（SP）、较好（MW）、好（W）、很好（SE）、非常好（E）。

(2) 侵蚀状况：是指土壤受流水、风力侵蚀程度，以土壤 A 或 E 层被侵蚀的百分比表示（若 A 或 E 层厚度小于20cm，则以地表 20cm 厚度的土层被侵蚀的百分比表示），分为五个等级，无侵蚀（0%）、1 级（0% ~ 25%）、2 级（25% ~ 75%）、3 级（75% ~ 100%）、4 级（大于75%并且整个 A 层被侵蚀掉）。

(3) 层位边界线清晰度：极突变（V）（边界过渡层厚度<0.5cm）、突变（A）（边界过渡层厚度 0.5 ~ 2cm）、清晰（C）（边界过渡层厚度 2 ~ 5cm）、渐变（G）（边界过渡层厚度 5 ~ 15cm）、扩散（D）（边界过渡层厚度>15cm）。

(4) 层位边界线形状：平滑（S）（少或没有不规则的水平面）、波状（W）（波形宽>高）、不规则（I）（波形深>宽）、破碎（B）（不连续层界，分开但交错在一起或不规则带状）。

(5) 颜色：以美国标准土壤比色卡来命名，命名系统是用颜色的三属性即色调、亮度、彩度来表示。

(6) 结构：土壤颗粒胶结状况。在野外常见的有：粒状、核状、棱柱状、片状、块状、角状等。

(7) 质地：一般分为砂土、壤土和黏土三大类，具体判定标准参见表4.3。

(8) 黏性：可分为四级，无黏性（SO）（施压后极少或无土样附着于手指上）、微黏性（SS）（施压后土壤附着在两手指上，但几乎没有土壤伸展在分开的两指间）、中度黏性（MS）（施压后土壤附着于两手指上，有些土壤伸展在分开的两指间）、很黏（VS）（施压后土壤紧密附着于两指，土壤强烈地伸展在分开的两指间）。

(9) 可塑性：可分为四级，无塑性（PO）（无法形成直径6mm 的土条，或者即使形成6mm 的土条，也不能从一端提起）、微塑性（SP）（能形成直径6mm 的土条，但不能形成直径4mm 的土条）、中度塑性（MP）（能形成直径4mm 的土条，但不能形成直径2mm 的土条）、强塑性（VP）（能形成直径2mm 的土条，并能提起不断开）。

(10) 紧实度：可分为九级，松散（L）（无法取样）、易碎（VFR）（<8N）、碎（FR）（8 ~ 20N）、紧实（FI）（20 ~ 40N）、很紧实（VFI）（40 ~ 80N）、极紧实（FE）（80 ~ 160N）、微坚硬（SR）（160 ~ 180N）、坚硬（R）（800N ~ 3J）、很坚硬（VF）（≥3J）。

(11) 根性数量等级：可分为三级，少根（Few）（1 ~ 2 条/cm^2）、中量根（Com）（>5 条/cm^2）、多量根（Ma）（>10 条/cm^2）。

(12) 根性尺寸等级：可以根系直径分为四级，极细根（VF）（<1mm）、细根（F）（1 ~ 2mm）、中根（M）（2 ~ 5mm）、粗根（C）（5 ~ 10mm）、极粗根（VC）（>10mm）。

(13) 砾石含量：砾石的粒径范围为 0.2 ~ 2mm，应估算各土层砾石含量百分比。

(14) 裂隙大小：以裂隙宽度分为三级，小裂隙（<3mm）、中裂隙（3 ~ 10mm）、大裂隙（>10mm）。

(15) 裂隙形状：以裂隙孔径分为三种类型，海绵状（3 ~ 5mm，呈现网纹状）、穴管孔（5 ~ 10mm，为动物活动或根系穿插而形成）、蜂窝状（>10mm，系昆虫等动物活动造成的，呈网眼状分布）。

(16) 新生体不是成土母质中的原有物质，而是指土壤形成发育过程中所产生的物质。比较常见的新生体有石灰结核、假菌丝体、盐晶体、盐结皮、铁锰结核等。描述新生体时，要指出是什么物质，存在形态、数量和分布状态等特征。

(17) 动物痕迹：应记录动物种类、多少、活动情况。

附录7

多年冻土上限雷达探测原理及实例

1. 探测原理

岩土层介质的介电常数值一般可表示为岩土层中空气、水分和矿物骨架各介电常数值的函数（式（A.1））。由于空气的介电常数值为1，岩土层矿物骨架的介电常数值一般小于10，而水的介电常数值高达80，所以岩土介质层的介电常数值主要受岩土层的含水量控制。当液态的水冻结为冰时，其介电常数值会急剧变小，约为3~4，正是这种冰水介电常数值的巨大差异会使得冻融岩土层之间会形成较大的介电常数值差异，从而导致电磁波在冻融岩土层界面处形成一个连续的电磁波反射层位。探地雷达用于多年冻土区活动层分布和多年冻土分布边界的探测主要是基于对冻融界面处雷达波反射层位的提取、追踪来实现，另外在数据资料充足的条件下，比如能够获取探测点不同深度处的雷达波传播速度或岩土层介质的介电常数值，则可以直接利用介电常数值随剖面深度的变化情况确定冻融界面的分布深度和多年冻土的区域分布边界。

$$\varepsilon = \left[(1 - \eta) \sqrt{\varepsilon_s} + (\eta - VWC) \sqrt{\varepsilon_a} + VWC \sqrt{\varepsilon_w} \right]^2 \tag{A.1}$$

其中，ε 为岩土层介质的介电常数值；η 为土壤孔隙度；ε_s 为岩土层矿物骨架的介电常数值，一般为4~7；VWC 为岩土层含水量的体积百分比；ε_a 为空气介电常数值，其值约为1；ε_w 为水分的介电常数值，其值约为80。

（1）探测时间。冻土上限的雷达探测主要是通过雷达波在冻融界面处的反射回波位置来确定上限深度，因此在衔接多年冻土区，当地表岩土层达到最大融化深度时是雷达探测的理想时间，在非衔接多年冻土区冻土上限的探测则不受时间上的限制。当岩土层在上限深度以内存在多层雷达波反射时，则需要通过不同冻融时间段的重复探测追踪冻融界面的季节动态变化过程，从而判别冻土上限的反射回波在雷达图像中的准确位置。

（2）剖面选择。由于岩土层在水平分布上存在很大的不均匀性，为了能够获取高质量的剖面数据，一般应选取地形相对平坦，地貌部位和地表覆盖特征相对一致的地点布设探测剖面。

（3）天线频率。雷达天线类型的选取原则是在能够达到探测目标深度的前提下，首先尽量选取频率较高的天线以提高雷达探测的垂直分辨率，理论上探地雷达的垂直分辨率为雷达波在介质中主频率波长的1/2，其次尽量选取屏蔽天线以减少地上干扰回波。实测经验表明，中心频率约为100MHz的雷达系统兼顾了测深和分辨率两个因素，是最常用的雷达天线频率。多年冻土区的实测经验显示，当冻土上限埋深在0.5~5m深度范围内，中心频率约为100MHz天线系统就可以满足探测要求，当上限深度小于0.5m时选取中心频率约为200MHz或更高的天线频率，当上限深度大于5m时需要选取100MHz以下的低频天线。

（4）测速方法。常用的雷达测速方法有共中心点（CMP）法和宽角（WARR）法（图A.1a、b），在岩土层介质水平方向相对均一，且介质分层界面分布相对平缓的地区，CMP法与WARR法的探测效果相同，如图A.1b所示，WARR法受介质分层界面垂直变化的影响要更大些，且产生的误差也要比CMP法的大，因此理论上CMP法要优于WARR法。由于天线的移动方式一般是人工操作，CMP法要求发射、接收天线同时向两侧移动，因而CMP法更容易产生人工操作误差，而WARR法要求一个天线固定，另一个天线逐步向一侧移动，这样可以最大限度减少人工操作误差，在野外实测中最好在共偏移距雷达图像中选取雷达波反射层位相对连续，且反射层位垂直变化相对水平的区域利用WARR法进行测速较为理想。

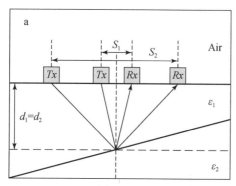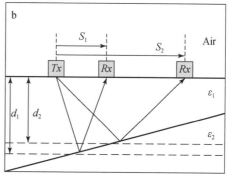

图 A.1　a. CMP 法探测示意图；b. WARR 法探测示意图

2. 探测实例

　　以青藏高原西大滩多年冻土分布区某点利用共偏移天线距法获取的雷达剖面处理结果为例。图 A.2 为所测雷达剖面图。勘探中，天线为频率 100MHz 非屏蔽分离式天线，探测步长为 0.1m/步，探测总长度为 21m。从探测结果看，剖面分别在 10ns、40ns 和 55ns 附近出现较强的雷达回波，从水平分布看，在 9～15m 段各层雷达回波较为平缓，因此选取此段位置进行 WARR 法测速。首先固定发射机于 9m 位置，接收机从 15m 位置以 0.1m/步的固定步长向 9m 位置逐步移动，然后从 9m 位置再返回至 15m 处，获取的测速剖面图如图 A.3 所示。根据不同传播路径雷达波在测速剖面上的图像特征，很容易确定图 A.3 中①所示位置为空气直达波，②为地表直达波，①和②的波速（v_d）计算方法见式（A.2），图 A.3 中 0m、12m 位置对应的天线距为 6m，横坐标 6.1m 位置对应的天线距为 0m，其他位置的天线距以 0.1m/步的规律类推；③、④、⑤为地下三个不同深度分层界面处的反射回波，其雷达波波速（v_r）的计算见式（A.3），天线距的计算方法同上，其中层位③因受地表直达波的影响波形不完整，在波速计算时可以用

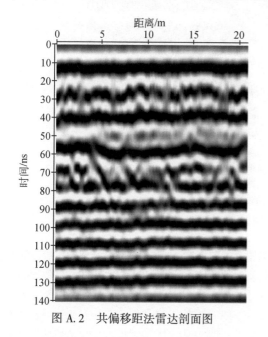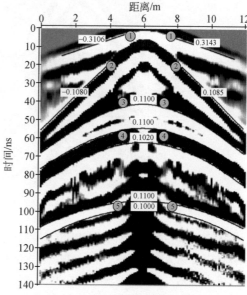

图 A.2　共偏移距法雷达剖面图　　　　　　图 A.3　WARR 法测速剖面图

主相位（波峰位置）下方的零振幅位置代替，层位⑤由于回波较弱，进行系统漂移处理使得图中 4~8m 段图像失真，在波速计算时需剔除此段。

$$v_d = \frac{S_2 - S_1}{T_2 - T_1} \tag{A.2}$$

$$v_r = \sqrt{\frac{S_2^2 - S_1^2}{T_2^2 - T_1^2}} \tag{A.3}$$

式（A.2）和式（A.3）中，S_1、S_2 分别代表两个不同的天线距；T_1、T_2 指天线距为 S_1、S_2 时雷达波从发射天线至接收天线的传播时间。

根据共偏移距剖面及测速剖面现场探测的记录确定图 A.3 中横坐标 5.1m、7.1m 处的雷达波形与图 A.2 中横坐标 9m 位置的雷达波形一致，因此截取图 A.3 中横坐标 0~5.1m 段图像与图 A.3 和图 A.2 中 9~21m 段进行拼接，拼接结果如图 A.4 所示。根据图 A.3 的分析结果可以确定出图 A.4 中 5ns 附近处为空气直达波，10ns 附近为地表直达波，40ns、55ns 和 90ns 附近为地下三个不同深度分层界面处的反射回波。为了处理上的方便，本例图 A.3 中各自的雷达波速是通过 Reflexw 雷达处理软件进行函数拟合直接获取的结果，①处空气直达波的波速约为 0.312m/ns，与雷达波在空气中理论传播速度（0.3m/ns）相近，②地表直达波的波速约为 0.108m/ns，③40ns 附近反射层在测速剖面中由于受地表直达波的干扰，无法获取准确的主相位波峰位置，通过拟合波峰下方零振幅位置获取的雷达波速度为 0.11m/ns，④处通过拟合主相位波峰处上下两个零振幅位置获取的波速分别为 0.110m/ns 和 0.102m/ns，通过主相位波峰位置利用式（A.3）计算出的速度近似为以上两个波速的平均，即 0.106m/ns，⑤处波速获取方法同④，主相位上下零振幅位置波速平均的结果约为 0.105m/ns。由④和⑤的波速获取方法可以看出，③处获取的雷达波速度要略小于其实际波峰位置处的速度，但由于误差较小，且③处波峰位置无法准确提取，本例中以波峰下方零振幅位置的速度做近似计算。

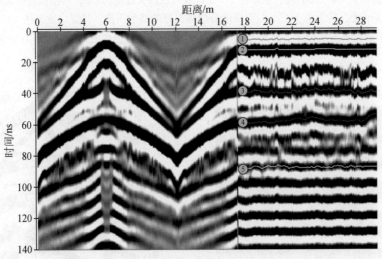

图 A.4　雷达剖面层位识别结果图

通过图 A.4 中的解译结果，利用相位追踪的方法对图 A.2 的整条剖面进行解译，获取的雷达图像层位解译结果如图 A.5 左侧部分所示。根据每个反射层的雷达波速计算得出反射层③对应的深度约为 2m，④对应的深度约为 3m，⑤对应的深度约为 4.8m（图 A.5 右侧）。该雷达探测剖面起始位置（图 A.2 中横坐标 0m 位置）处 2m 深探坑显示该处 2m 处出现地下水，图 A.6 为该探测剖面的测温结果，测温结果显示在 0.8m 以下随深度的增加地温呈现线性递减的趋势，通过线性函数拟合得知该点 0℃地温对应的深

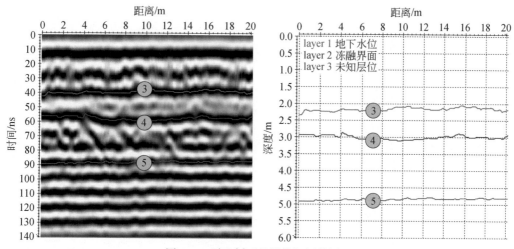

图 A.5　雷达剖面的最终解译结果图

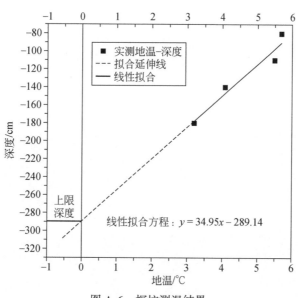

图 A.6　探坑测温结果

度大约在 2.9m，与图 A.5 中反射层位④的深度解译结果吻合，从而可以确定④为冻土上限反射层位，而③为地下水位所对应位置，层位⑤由于没有可参考的解译资料，所以无法确定，推测可能为冻土上限附近的富冰冻土层反射层位。对比③、④、⑤三个反射层位的雷达波反射强度和雷达波传播速度，可以看出④处的雷达波反射较强，且雷达波速相对较低，因此可以认为④处为冻土上限反射层。